高等职业教育"互联网+"创新型系列教材

数字电子技术与应用项目教程

第2版

宁慧英 华 莹 陈 聪 编

机械工业出版社

本书以实际生产中的产品——逻辑笔、多功能数字钟为导向,将这两个产品的设计与制作为具体项目,下设逻辑笔的设计与制作、数字钟译码显示与整点报时电路的设计与制作、数字钟校时电路和分频电路的设计与制作、数字钟计时电路的设计与制作、秒脉冲发生器的设计与制作、多功能数字钟的设计与制作、$3\frac{1}{2}$位直流数字电压表的设计与制作共 7 个工作任务,每个工作任务包含必备知识、相关技能训练、任务的实现三个模块,每一个工作任务的完成都是对必备理论知识和实践技能的一个综合运用的过程。

本书注重学生职业能力、设计能力和创造能力的培养,可作为高职高专院校电子信息类、通信类、自动化类等专业的教学用书,也可作为相关专业在职人员的参考用书。

为方便教学,本书有二维码视频、电子课件、习题答案、模拟试卷及答案等教学资源,凡选用本书作为授课教材的老师,均可通过电话(010-88379564)或 QQ(2314073523)咨询,有任何技术问题也可通过以上方式联系。

图书在版编目(CIP)数据

数字电子技术与应用项目教程/宁慧英,华莹,陈聪编 . —2 版 . —北京:机械工业出版社,2021.5
高等职业教育"互联网+"创新型系列教材
ISBN 978-7-111-68462-6

Ⅰ.①数… Ⅱ.①宁… ②华… ③陈… Ⅲ.①数字电路-电子技术-高等职业教育-教材 Ⅳ.①TN79

中国版本图书馆 CIP 数据核字(2021)第 114166 号

机械工业出版社(北京市百万庄大街 22 号 邮政编码 100037)
策划编辑:曲世海 责任编辑:曲世海
责任校对:李 杉 封面设计:马精明
责任印制:常天培
固安县铭成印刷有限公司印刷
2021 年 9 月第 2 版第 1 次印刷
184mm×260mm · 13 印张 · 321 千字
0001—1500 册
标准书号:ISBN 978-7-111-68462-6
定价:45.00 元

电话服务 网络服务
客服电话:010-88361066 机 工 官 网:www.cmpbook.com
010-88379833 机 工 官 博:weibo.com/cmp1952
010-68326294 金 书 网:www.golden-book.com
封底无防伪标均为盗版 机工教育服务网:www.cmpedu.com

前　言

数字电子技术是高职高专工科专业必修的一门专业基础课，第1版教材自出版以来，受到广大高职院校师生的欢迎和认可。本书坚持以就业为导向，以职业岗位训练为主体，以实际生产中的产品——逻辑笔、多功能数字钟两个项目共7个工作任务为学习载体，在每一个工作任务的完成过程中掌握必备理论知识、实践职业技能、养成职业思维习惯。本书有以下特点：

1. 面向职场的逆向编写思路

对接职业标准，引入企业一线培训师共同编写，通过联合主体（学校、企业、行业）共同确定典型工作任务，与企业无缝接轨，实现课程教学和职业能力培养双目标，满足学习者职业化的学习需求。

2. 面向学生为主体的编写思路

任务的实现以学生为主体，根据学生的认知能力和特点，通过任务载体创设学习情景，激发学生学习兴趣，在实现"教学产品"的设计、组装与调试的工作过程中，从工程角度培养学生的工程思维方法和分析解决实际工程问题等职业能力，进一步提高学生的知识运用能力。

3. 教材结构模块化

以能力为主体构建相互独立的最小单元模块，对接实际工作过程，以职业行动为导向，打破传统知识体系的编写思路，重构教学流程，再造课程结构，根据"工作过程或产品"设置内容，以任务替代章节，使学生在结构完整的工作过程中，获得与工作过程相关的知识和技能，进而为学习者的职业能力发展奠定基础。

4. 课程思政改革成果的全面体现

将专业性职业伦理操守和职业道德教育融为一体，将社会主义核心价值观与行业企业文化有机结合，给予学生正确的价值取向引导。注重强化学生工程伦理教育，增强学生的爱国精神和文化自信，激发学生科技报国的家国情怀和使命担当，全面提升学生的道德素质、职业素养和人文精神。

本书编写时，查阅、参考或引用了众多文献资料，获得了很多启发，在此谨向这些作者表示诚挚的感谢！由于编者水平有限，书中难免有疏漏和不妥之处，恳请读者批评指正，以便进一步修改完善。

编　者

二维码索引

（续）

名称	图形	页码	名称	图形	页码
视频 17_555 定时器工作原理		151	视频 18_555 多谐振荡器		152
视频 19_单稳态触发器		157	视频 20_施密特触发器		162

目　录

项目1
逻辑笔的设计与制作

项目介绍：模拟电路中常用的测试工具是万用表，而数字电路中比较简便的测量工具是逻辑笔，使用逻辑笔可快速测量出数字电路中有故障的芯片。本项目通过逻辑笔的设计与制作帮助读者掌握数字电路中的逻辑关系、逻辑运算和逻辑门电路的电气特性及实际应用。

任务1
逻辑笔的设计与制作
——认识数字量和逻辑门电路

任务布置

逻辑笔是数字电路中检测各点逻辑状态的常用工具，可快速测量出数字电路中有故障的芯片。数字电路中的逻辑状态一般分三种，即高电平"1"、低电平"0"和"高阻态"（悬空），本次任务将以上三种逻辑状态的测试结果通过发光二极管显示。具体要求如下：

1）逻辑状态为低电平时，绿色发光二极管亮。

2）逻辑状态为高电平时，红色发光二极管亮。

3）有脉冲信号存在时，红、绿两色发光二极管同时闪烁。

任务目标

1. 素质目标

1）自主学习能力的养成：在信息收集阶段，能够在教师引导下完成模块1中相关知识点的学习，并能举一反三。

2）职业审美的养成：在任务计划阶段，要总体考虑电路布局与连接规范，使电路美观实用。

3）职业意识的养成：在任务实施阶段，要首先具备健康管理能力，即注意安全用电和劳动保护，同时注重6S（整理、整顿、清扫、清洁、素养和安全）的养成和环境保护。

4）工匠精神的养成：专心专注、精益求精要贯穿任务完成始终，不惧失败。

5）社会能力的养成：小组成员间要做好分工协作，注重沟通和能力训练。

6）建立"知行合一"的行动理念。

2. 知识目标

1）掌握进制及其转换。

2）掌握逻辑代数的常用运算、基本公式及定理，逻辑函数的表达和化简。

3）掌握逻辑门电路的电气特性。

4）掌握 TTL 和 CMOS 集成门电路的逻辑功能和器件的使用规则。

3. 能力目标

1）学会 TTL 和 CMOS 集成门电路传输特性的测试方法。

2）学习使用仿真软件 Multisim 10 进行电路的仿真运行和测试。

3）学会使用面包板搭建硬件电路，并能够使用仪器仪表进行电路的测试和调试。

4）能够举一反三，设计符合自己要求的逻辑笔。

模块1 必备知识

1.1 数制和码制

1.1.1 数字电路概述

按照变化规律的特点不同，可以将自然界中的物理量分为两大类：模拟量和数字量。

模拟量的取值在数值（幅度）上是连续的（不可数，无穷多），如电压、电流、温度等。表示模拟量的信号称为模拟信号，工作在模拟信号下的电路称为模拟电路。

数字量的取值在数值（幅度）上是离散的，如产品的数量和代码等。表示数字量的信号称为数字信号，工作在数字信号下的电路称为数字电路。

相比于模拟电路，数字电路具有以下特点：

1）集成度高。数字电路的基本单元电路结构简单，电路参数可以有较大的离散性，便于将数目庞大的基本单元电路集成在一块硅片上，集成度高。

2）工作可靠性好、精度高、抗干扰能力强。数字电路采用的是二进制代码，工作时只需判断电平的高低或信号的有无，电路实现简单，可靠性好，精度高；同时，数字信号比较强，抗干扰技术比较容易实现。

3）存储方便、保存期长、保密性好。数字存储器件和设备种类较多，存储容量大，性能稳定；同时，数字信号的加密处理方便可靠，不易丢失和被窃。

4）数字电路产品系列多，品种齐全，通用性和兼容性好，使用方便。数字电路在电子计算机、电机、通信、自动控制、雷达、家用电器及汽车电子等领域得到了广泛应用。

1.1.2 数制

数制是计数的方法，是人们对数量计数的一种统计规律。日常生活中，最常见的数制是十进制，而在数字系统中进行数字的运算和处理时，广泛采用的则是二进制的数字信号，有0和1两个基本数字。但二进制数有时表示起来不太方便，位数太多，所以也经常采用八进制和十六进制。

1. 几种常见数制的表示方法

（1）十进制 十进制是人们最常用的计数体制，它采用0、1、2、3、4、5、6、7、8、9十个基本数码，任何一个十进制数都可以用上述十个数码按一定规律排列起来表示。其计数规律是"逢十进一"，即$9+1=10$，十进制数是以10为基数的计数体制。

例如，1961可写为 $1961 = 1 \times 10^3 + 9 \times 10^2 + 6 \times 10^1 + 1 \times 10^0$

由上式可见，十进制数的特点是：

1）基数是10。基数即计数制中所用到的数码的个数。十进制数中的每一位必定是0~9十个数码中的一个。

2）计数规律是"逢十进一"。0~9十个数可以用一位基本数码表示，10以上的数则要用两位以上的数码表示。例如10这个数，右边的"0"为个位数，左边的"1"为十位数，也就是个位数计满10就向高位进1。

3）同一数码处于不同的位置时，它代表的数值是不同的，即不同的数位有不同的位权。如上式中，头尾两个数码都是"1"，但左边第一位的"1"表示数值1000，而右边第一位的"1"则表示数值1。上式中每位的位权分别为 10^3、10^2、10^1、10^0，即基数的幂。这样，各位数码所表示的数值等于该位数码（该位的系数）乘以该位的位权，每一位的系数和位权的乘积称为该位的加权系数。

上述表示方法也可扩展到小数，但小数点右边的各位数码要乘以基数的负的幂次。例如，数25.16表示为 $25.16 = 2 \times 10^1 + 5 \times 10^0 + 1 \times 10^{-1} + 6 \times 10^{-2}$。对于一个十进制数来说，小数点左边的数码，位权依次为 10^0、10^1、10^2、$\cdots$，小数点右边的数码，位权分别为 10^{-1}、10^{-2}、10^{-3}、$\cdots$。

广义来讲，任意一个十进制数 N 所表示的数值，等于其各位加权系数之和，可表示为

$$[N]_{10} = \sum_{i=-m}^{n-1} K_i \times 10^i \tag{1-1}$$

式中，n 为整数部分的数位；m 为小数部分的数位；K_i 为不同数位的数值，$0 \leq K_i \leq 9$。

任意一个 N 位十进制正整数，可表示为

$$[N]_{10} = K_{n-1} \times 10^{n-1} + K_{n-2} \times 10^{n-2} + \cdots + K_1 \times 10^1 + K_0 \times 10^0$$
$$= \sum_{i=0}^{n-1} K_i \times 10^i \tag{1-2}$$

式中，下标10表示 N 是十进制数，也可以用字母 D 来代替数字"10"。

例如：$[169]_{10} = [169]_D = 1 \times 10^2 + 6 \times 10^1 + 9 \times 10^0 = 169$

（2）二进制　二进制可以直接与电路的通和断关联起来，采用电路实现时格外自然。若采用十进制，则除了电路断之外，还需要在电路通时，根据电信号的强弱再区分出9种不同的状态来，使电路实现变得复杂，计算的可靠性也会低得多。如灯泡的亮与灭、晶体管的导通与截止、开关的接通与断开、继电器触点的闭合和断开等，只要规定其中一种状态为1，则另一种状态就为0，这样就可用来表示二进制数了。"二"反映了两个事物的对立和统一，这是《易经》中所体现的核心思想。而计算机中之所以采用二进制，也是因为二是从一到多步骤中最简单的那个，并且因为它所体现出的对立关系能够带来最好的区分度，哲学和科学在这一点上达到了极为完美的统一。可见二进制的数字装置简单可靠，所用元器件少，而且二进制的基本运算规则简单，运算操作简便，这些特点使得数字电路中广泛采用二进制。

二进制数的特点如下：

1）基数是2，采用两个数码0和1。

2）计数规律是"逢二进一"，即 $1 + 1 = 10$（读作"壹零"）。

3）二进制数各位的权为2的幂。例如4位二进制数1101，可以表示为

$$[1101]_2 = 1 \times 2^3 + 1 \times 2^2 + 0 \times 2^1 + 1 \times 2^0 = [13]_{10}$$

可以看到，不同数位的数码所代表的数值也不相同，在4位二进制数中，从高到低的各相应位的权分别为 2^3、2^2、2^1、2^0。二进制数表示的数值也等于其各位加权系数之和。

和十进制数的表示方法相似，任何一个 N 位二进制正整数，可表示为

$$[N]_2 = K_{n-1} \times 2^{n-1} + K_{n-2} \times 2^{n-2} + \cdots + K_1 \times 2^1 + K_0 \times 2^0$$
$$= \sum_{i=0}^{n-1} K_i \times 2^i \tag{1-3}$$

式中，$[N]_2$ 表示二进制；K_i 表示第 i 位的系数，只取0或1中的任意一个数码；2^i 为第 i 位的权；下标2表示 N 是二进制数，也可以用字母 B 来代替数字"2"。

例如：$[1011]_2 = [1011]_B = 1 \times 2^3 + 0 \times 2^2 + 1 \times 2^1 + 1 \times 2^0 = [11]_{10}$

如果是小数，同样可以表示为以基数 2 为底的幂的求和式，但小数部分应是负的次幂。例如：

$$[1001.01]_2 = [1001.01]_B = 1 \times 2^3 + 0 \times 2^2 + 0 \times 2^1 + 1 \times 2^0 + 0 \times 2^{-1} + 1 \times 2^{-2}$$
$$= [9.25]_{10}$$

虽然二进制数具有便于机器识别和运算的特点，但使用时位数经常是很多的，不便于人们书写和记忆，因此在数字系统的资料中常采用八进制或十六进制来表示二进制数。

（3）八进制　八进制数的基数是 8，采用 8 个数码：0、1、2、3、4、5、6、7。八进制数的计数规律是"逢八进一"，各位的位权是 8 的幂。N 位八进制正整数可表示为

$$[N]_8 = K_{n-1} \times 8^{n-1} + K_{n-2} \times 8^{n-2} + \cdots + K_1 \times 8^1 + K_0 \times 8^0$$
$$= \sum_{i=0}^{n-1} K_i \times 8^i \tag{1-4}$$

式中，下标 8 表示 N 是八进制数，也可以用字母 O 来代替数字"8"，例如：

$$[167]_8 = [167]_O = 1 \times 8^2 + 6 \times 8^1 + 7 \times 8^0 = [119]_{10}$$

（4）十六进制　十六进制数的基数是 16，采用 16 个数码：0、1、2、3、4、5、6、7、8、9、A、B、C、D、E、F，其中 10～15 分别用 A～F 表示。十六进制数的计数规律是"逢十六进一"，各位的位权是 16 的幂。N 位十六进制正整数可表示为

$$[N]_{16} = K_{n-1} \times 16^{n-1} + K_{n-2} \times 16^{n-2} + \cdots + K_1 \times 16^1 + K_0 \times 10^0$$
$$= \sum_{i=0}^{n-1} K_i \times 16^i \tag{1-5}$$

式中，下标 16 也可以用字母 H 来代替，例如：

$$[60]_{16} = [60]_H = 6 \times 16^1 + 0 \times 16^0 = [96]_{10}$$
$$[9C]_{16} = [9C]_H = 9 \times 16^1 + 12 \times 16^0 = [156]_{10}$$

2. 不同进制数之间的相互转换

（1）二进制、八进制、十六进制数转换为十进制数　只要将二进制、八进制、十六进制数按式(1-3)、式(1-4)、式(1-5) 展开，求出其各位加权系数之和，则得相应的十进制数。

（2）十进制数转换为二进制、八进制、十六进制数　将十进制正整数转换为二进制、八进制、十六进制数可以采用除 R 倒取余法，R 代表所要转换成的数制的基数，对于二进制数为 2，八进制数为 8，十六进制数为 16，转换步骤如下：

第一步：把给定的十进制数 $[N]_{10}$ 除以 R，取出余数，即为最低位数的数码 K_0。

第二步：将前一步得到的商再除以 R，再取出余数，即得次低位数的数码 K_1。

以下各步类推，直到商为 0 为止，最后得到的余数即为最高位数的数码 K_{n-1}。

【例 1-1】　将 $[76]_{10}$ 转换成二进制数。

解：

$$
\begin{array}{rlll}
2\,\underline{|\,76} & & & \\
\quad 2\,\underline{|\,38} & \cdots\cdots\cdots & 余\,0 & 即\,K_0 = 0 \\
\quad\quad 2\,\underline{|\,19} & \cdots\cdots\cdots & 余\,0 & 即\,K_1 = 0 \\
\quad\quad\quad 2\,\underline{|\,9} & \cdots\cdots\cdots & 余\,1 & 即\,K_2 = 1 \\
\quad\quad\quad\quad 2\,\underline{|\,4} & \cdots\cdots\cdots & 余\,1 & 即\,K_3 = 1 \\
\quad\quad\quad\quad\quad 2\,\underline{|\,2} & \cdots\cdots\cdots & 余\,0 & 即\,K_4 = 0 \\
\quad\quad\quad\quad\quad\quad 2\,\underline{|\,1} & \cdots\cdots\cdots & 余\,0 & 即\,K_5 = 0 \\
\quad\quad\quad\quad\quad\quad\quad 0 & \cdots\cdots\cdots & 余\,1 & 即\,K_6 = 1 \\
\end{array}
$$

则 $[76]_{10} = [1001100]_2$

【例1-2】   将$[76]_{10}$转换成八进制数。

解：

8 ⌞76
　　8 ⌞9 ……… 余 4   即 $K_0 = 4$
　　　8 ⌞1 ……… 余 1   即 $K_1 = 1$
　　　　　0 ……… 余 1   即 $K_2 = 1$

则 $[76]_{10} = [114]_8$

【例1-3】   将$[76]_{10}$转换成十六进制数。

解：

16 ⌞76 ……… 余 12   即 $K_0 = C$
　　16 ⌞4 ……… 余 4   即 $K_1 = 4$
　　　　0

则 $[76]_{10} = [4C]_{16}$

（3）二进制数与八进制数之间的转换   因为二进制数与八进制数之间正好满足2^3关系，所以可将3位二进制数看作1位八进制数，或把1位八进制数看作3位二进制数。

1）二进制数转换为八进制数。将二进制数从小数点开始，分别向两侧每3位分为一组，若整数最高位不足一组，在左边加0补足；若小数最低位不足一组，在右边加0补足，然后将每组二进制数都相应转换为1位八进制数。

【例1-4】   将二进制数$[10111011.11]_2$转换为八进制数。

解：二进制数   010   111   011   .   110
　　八进制数   2   7   3   .   6

$$[10111011.11]_2 = [273.6]_8$$

2）八进制数转换为二进制数。将每位八进制数用3位二进制数表示。

【例1-5】   将八进制数$[675.4]_8$转换为二进制数。

解：八进制数   6   7   5   .   4
　　二进制数   110   111   101   .   100

$$[675.4]_8 = [110111101.1]_2$$

（4）二进制数与十六进制数的相互转换   因为二进制数与十六进制数之间正好满足2^4关系，所以可将4位二进制数看作1位十六进制数，或把1位十六进制数看作4位二进制数。

1）二进制数转换为十六进制数。将二进制数从小数点开始，分别向两侧每4位分为一组，若整数最高位不足一组，在左边加0补足；若小数最低位不足一组，在右边加0补足，然后将每组二进制数都相应转换为1位十六进制数。

【例1-6】   将二进制数$[1011011.110]_2$转换为十六进制数。

解：二进制数   0101   1011   .   1100
　　十六进制数   5   B   .   C

$$[1011011.110]_2 = [5B.C]_{16}$$

2）将十六进制数转换为二进制数。将十六进制数的每一位转换为相应的4位二进制数即可。

【例1-7】   将$[21A]_{16}$转换为二进制数。

解： 十六进制数　　2　　　1　　　A

二进制数　　0010　0001　1010

则 $[21A]_{16} = [1000011010]_2$（最高位为 0 可舍去）

十六进制数和二进制数的相互转换在计算机编程中使用较为广泛。

1.1.3 码制

数字系统中常用 0 和 1 组成的二进制数码表示数值的大小，这类信息为数值信息，数值的表示如前所述。同时也采用一定位数的二进制数码来表示各种文字、符号信息，这个特定的二进制码称为代码。建立这种代码与文字、符号或特定对象之间的一一对应的关系称为编码。编码的规则称为码制，它是将若干个二进制码 0 和 1 按一定的规则排列起来表示某种特定含义。

数字电路中用得最多的是二-十进制码。所谓二-十进制码，指的是用 4 位二进制数来表示 1 位十进制数的编码方式，简称 BCD 码。由于 4 位二进制数码有 16 种不同的组合状态，若从中取出 10 种组合用以表示十进制数中 0~9 的十个数码时，其余 6 种组合则不用（称为无效组合）。因此，按选取方式的不同，可以得到的只需选用其中十种组合 BCD 码的编码方式有很多种。

表 1-1 中列出了几种常见的 BCD 码。在二-十进制编码中，一般分有权码和无权码。例如 8421BCD 码是一种最基本的、应用十分普遍的 BCD 码，它是一种有权码，8421 就是指在用 4 位二进制数码表示 1 位十进制数时，每一位二进制数的权从高位到低位分别是 8、4、2、1。另外 5421BCD 码、2421BCD 码也属于有权码，均为 4 位代码，它们的位权自高到低分别是 5、4、2、1 及 2、4、2、1。

表 1-1 几种常见的 BCD 码

十进制数	有权码			无权码	
	8421 码	5421 码	2421 码	余 3 码	格雷码
0	0000	0000	0000	0011	0000
1	0001	0001	0001	0100	0001
2	0010	0010	0010	0101	0011
3	0011	0011	0011	0110	0010
4	0100	0100	0100	0111	0110
5	0101	1011	1011	1000	0111
6	0110	1001	1100	1001	0101
7	0111	1010	1101	1010	0100
8	1000	1011	1110	1011	1100
9	1001	1100	1111	1100	1101

余 3 码属于无权码。十进制数用余 3 码表示，要比 8421BCD 码在二进制数值上多 3，故称余三码，它可由 8421BCD 码加 0011 得到。从表 1-1 可见，余 3 码中的 0 和 9、1 和 8、2 和 7、3 和 6、4 和 5 互为反码。所以，余 3 码作十进制的算术运算是比较方

便的。

格雷码（也称格雷循环码）也属于无权码。格雷码并不唯一，表 1-1 所示的是一种典型的格雷码。从表 1-1 可见，其特点是：任何两个相邻的十进制的格雷码仅有一位不同，例如 8 和 9 所对应的代码分别为 1100 和 1101，只有最低位不同。格雷码虽不直观，但可靠性高，在输入、输出等场合应用广泛。

1.2 逻辑代数

1.2.1 逻辑代数中的常用运算

自然界中，许多现象总是存在着对立的双方，例如电位的高或低、灯泡的亮或灭、脉冲的有或无等。为了描述这种相互对立的逻辑关系，往往采用仅有两个取值的变量来表示，这种二值变量就称为逻辑变量。

逻辑变量和普通代数中的变量一样，可以用字母 A、B、C、…来表示。但逻辑变量表示的是事物的两种对立的状态，只允许取两个不同的值，分别是逻辑 0 和逻辑 1。这里 0 和 1 不表示具体的数值，只表示事物相互对立的两种状态。

在数字逻辑电路中，如果输入变量 A、B、C、…的取值确定后，输出变量 Y 的值也就可以被唯一确定了，那么就称 Y 是 A、B、C、…的逻辑函数。逻辑函数和逻辑变量一样，都只有逻辑 0 和逻辑 1 两种取值。也就是说，逻辑函数 Y 是由逻辑变量 A、B、C、…经过有限个基本逻辑运算确定的。逻辑代数中的常用运算可以通过扫描二维码进行简单了解，具体内容可结合下面内容学习。

1. 基本逻辑运算

在数字电路中，利用输入信号来反映"条件"，用输出信号来反映"结果"，于是输出与输入之间的因果关系即为逻辑关系。逻辑代数中，基本的逻辑关系有三种，即与逻辑、或逻辑、非逻辑。相对应的基本运算有与运算、或运算、非运算。实现这三种逻辑关系的电路分别称为与门、或门、非门。

（1）与逻辑和与运算

1）与逻辑。如图 1-1 所示电路，A、B 是两个串联开关，Y 是灯，只有开关 A 与开关 B 都闭合时，灯才亮，其中只要有一个开关断开灯就灭。若把开关闭合作为条件，灯亮作为结果，则图 1-1 所示电路表示了这样一种因果关系：只有当决定某一种结果的所有条件都具备时，这个结果才能发生。这种因果关系称为与逻辑关系，简称与逻辑。

通常，把结果发生或条件具备用逻辑 1 表示，结果不发生或条件不具备用逻辑 0 表示，则可得到与逻辑真值表，见表 1-2。从表 1-2 可以看出：当输入 A、B 都是 1 时，输出 Y 才为 1，只要输入 A 或 B 中有一个 0，输出 Y 就为 0，可概括为"有 0 出 0，全 1 出 1"。

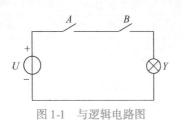

图 1-1 与逻辑电路图

表 1-2 与逻辑真值表

输入		输出
A	B	Y
0	0	0
0	1	0
1	0	0
1	1	1

2）与运算。与运算也称逻辑乘，与运算的逻辑表达式为

$$Y = A \cdot B \text{ 或 } Y = AB \tag{1-6}$$

与运算的运算规则：$0 \cdot 0 = 0$ $0 \cdot 1 = 0$ $1 \cdot 0 = 0$ $1 \cdot 1 = 1$

在数字电路中，用来实现与运算的电路称为与门电路。一个与门电路一般有两个或两个以上的输入端，但只有一个输出端。二输入的与门逻辑符号如图1-2所示，图中"&"表示与逻辑运算。

（2）或逻辑和或运算

1）或逻辑。图1-3所示电路中，A、B是两个并联开关，Y是灯，只要一个开关闭合，灯就亮，只有A与B都断开时，灯才灭。若把开关闭合作为条件，灯亮作为结果，则图1-3所示电路表示了这样一种因果关系：在决定某一种结果的所有条件中，只要有一个或一个以上条件得到满足，这个结果就会发生。这种因果关系称为或逻辑关系，简称或逻辑。

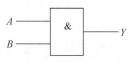

图1-2   与门逻辑符号

或逻辑真值表见表1-3。从表1-3可以看出：只要输入A或B有一个为1，输出Y就为1，只有输入A、B全部为0时，输出Y才为0，可概括为"有1出1，全0出0"。

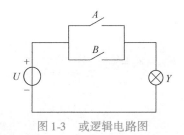

图1-3   或逻辑电路图

表1-3   或逻辑真值表

输入		输出
A	B	Y
0	0	0
0	1	1
1	0	1
1	1	1

2）或运算。或运算也称逻辑加，或运算的逻辑表达式为

$$Y = A + B \tag{1-7}$$

或运算的运算规则：$0 + 0 = 0$ $0 + 1 = 1$ $1 + 0 = 1$ $1 + 1 = 1$

在数字电路中，用来实现或运算的电路称为或门电路。一个或门电路一般有两个或两个以上的输入端，但只有一个输出端。二输入的或门逻辑符号如图1-4所示，图中"≥1"表示或逻辑运算。

图1-4   或门逻辑符号

（3）非逻辑和非运算

1）非逻辑。图1-5所示电路中，A是开关，Y是灯，如果开关闭合，灯就灭，开关断开，灯才亮。在此电路中，表示了这样一种因果关系：当条件不成立时，结果就会发生，条件成立时，结果反而不会发生。这种因果关系称为非逻辑关系，简称非逻辑。

非逻辑真值表见表1-4。从表1-4可以看出，非逻辑运算规则为"入0出1，入1出0"。

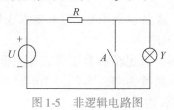

图1-5   非逻辑电路图

表1-4   非逻辑真值表

输入	输出
A	Y
0	1
1	0

2）非运算。非运算也称反运算，非运算的逻辑表达式为

$$Y = \overline{A} \tag{1-8}$$

非运算的运算规则：$\overline{0} = 1$ $\overline{1} = 0$

在数字电路中，用来实现非运算的电路称为非门电路。一个非门电路只有一个输入端，一个输出端。非门逻辑的逻辑符号如图1-6所示，图中小圆圈表示非逻辑运算。

图1-6 非门逻辑符号

2. 复合逻辑运算

数字系统中的任何逻辑函数都可由实际的逻辑电路来实现，除了与门、或门、非门三种基本电路外，还可以把它们组合起来，实现功能更为复杂的逻辑门。常见的有与非门、或非门、与或门、与或非门、异或门、同或门等，这些门电路又称复合门电路，它们完成的运算称为复合逻辑运算。

（1）与非逻辑运算 与非逻辑运算是由与逻辑和非逻辑两种逻辑运算复合而成的一种复合逻辑运算，实现与非逻辑运算的电路称为与非门。二输入的与非门逻辑符号如图1-7所示，其真值表见表1-5。与非逻辑表达式为

$$Y = \overline{AB} \tag{1-9}$$

表1-5 与非逻辑真值表

输入		输出
A	B	Y
0	0	1
0	1	1
1	0	1
1	1	0

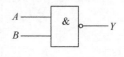

图1-7 与非门逻辑符号

由表1-5可见，只要输入变量 A、B 中有一个为0，输出 Y 就为1，只有输入变量 A、B 全为1，输出 Y 才为0，可概括为"有0出1，全1出0"。

（2）或非逻辑运算 或非逻辑运算是由或逻辑和非逻辑两种逻辑运算复合而成的一种复合逻辑运算，实现或非逻辑运算的电路称为或非门。二输入的或非门逻辑符号如图1-8所示，其真值表见表1-6。或非逻辑表达式为

$$Y = \overline{A + B} \tag{1-10}$$

表1-6 或非逻辑真值表

输入		输出
A	B	Y
0	0	1
0	1	0
1	0	0
1	1	0

图1-8 或非门逻辑符号

由表1-6可见：只要输入变量 A、B 中有一个为1，输出 Y 就为0，只有输入变量 A、B 全为0时，输出 Y 才为1，可概括为"有1出0，全0出1"。

（3）与或非逻辑运算 与或非逻辑运算是由与逻辑、或逻辑和非逻辑三种逻辑运算复合而成的一种复合逻辑运算，实现与或非逻辑运算的电路称为与或非门，其逻辑结构图如图1-9所示，与或非门逻辑符号如图1-10所示，其逻辑表达式为

$$Y = \overline{AB + CD} \tag{1-11}$$

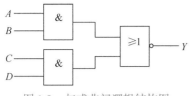

图1-9　与或非门逻辑结构图

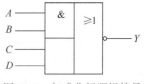

图1-10　与或非门逻辑符号

（4）异或逻辑运算　异或逻辑运算是只有两个输入变量的运算。当输入变量A、B相异时，输出Y为1；当A、B相同时，输出Y为0。异或逻辑真值表见表1-7，其逻辑表达式为

$$Y = A \oplus B = A\overline{B} + \overline{A}B \tag{1-12}$$

实现异或逻辑运算的电路称为异或门电路，其逻辑符号如图1-11所示。

表1-7　异或逻辑真值表

输入		输出
A	B	Y
0	0	0
0	1	1
1	0	1
1	1	0

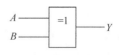

图1-11　异或门逻辑符号

（5）同或逻辑运算　同或逻辑运算是只有两个输入变量的运算。当输入变量A、B相异时，输出Y为0；当A、B相同时，输出Y为1。同或逻辑真值表见表1-8，其逻辑表达式为

$$Y = A \odot B = \overline{A}\,\overline{B} + AB \tag{1-13}$$

实现同或逻辑运算的电路称为同或门电路，其逻辑符号如图1-12所示。

表1-8　同或逻辑真值表

输入		输出
A	B	Y
0	0	1
0	1	0
1	0	0
1	1	1

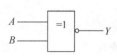

图1-12　同或门逻辑符号

值得注意的是，在一个逻辑函数中，常含有几种基本逻辑运算，在实现这些运算时要遵照一定的顺序进行。逻辑运算的先后顺序规定如下：有括号时，先进行括号内的运算；没有括号时，按非、与、或的次序进行运算。

1.2.2　逻辑代数的基本公式及定理

逻辑代数与普通代数相似，也有相应的运算公式、定律和基本规则，掌握这些内容可以对一些复杂的逻辑函数进行化简。

1. 基本公式

（1）常量和变量的公式

1）0、1律：$A + 0 = A$　$A \cdot 0 = 0$　　　　　　　　　　　　　　　$(1-14)$

　　　　　　$A + 1 = 1$　$A \cdot 1 = A$　　　　　　　　　　　　　　　$(1-15)$

2）互补律：$A + \overline{A} = 1 \quad A\overline{A} = 0$ （1-16）

（2）变量和变量的公式

1）交换律：$A + B = B + A \quad AB = BA$ （1-17）

2）结合律：$A + (B + C) = (A + B) + C \quad A(BC) = (AB)C$ （1-18）

3）分配律：$A(B + C) = AB + AC \quad A + BC = (A + B)(A + C)$ （1-19）

4）重叠律：$A + A = A \quad AA = A$ （1-20）

5）非非律（还原律）：$\overline{\overline{A}} = A$ （1-21）

6）反演律（摩根定律）：$\overline{A + B} = \overline{A}\,\overline{B} \quad \overline{AB} = \overline{A} + \overline{B}$ （1-22）

在上述公式中，交换律、结合律、分配律（其中第二个公式除外）的公式与普通代数的一样，而重叠律、非非律、反演律的公式则反映的是逻辑代数的特殊规律。它们的正确性均可由真值表加以证明。

2. 基本定理

（1）代入定理 在任何一个逻辑等式中，如果将等式两边所有出现某一变量的位置，都用某一个逻辑函数来代替，等式仍然成立，这个规则称为代入定理。

【例1-8】 已知等式 $\overline{A + B} = \overline{A}\,\overline{B}$ 成立，试证明等式 $\overline{A + B + C} = \overline{A}\,\overline{B}\,\overline{C}$ 也成立。

解：用 $Y = B + C$ 代替等式中的变量 B，根据代入规则可得

$$\overline{A + B + C} = \overline{A} \cdot \overline{B + C} = \overline{A}\,\overline{B}\,\overline{C}$$

可见，利用代入定理可以扩大等式的应用范围。

根据代入定理可以推出反演律对任意多个变量都成立，即

$$\overline{A + B + C + \cdots} = \overline{A}\,\overline{B}\,\overline{C}\cdots$$

$$\overline{ABC\cdots} = \overline{A} + \overline{B} + \overline{C} + \cdots$$

（2）反演定理 对于任意一个逻辑函数 Y，若要求其反函数 $\overline{Y}$ 时，只要将逻辑函数 Y 所有的"·"换成"+"，"+"换成"·"；"1"换成"0"，"0"换成"1"；原变量换成反变量，反变量换成原变量。所得到的逻辑函数式，即为原函数 Y 的反函数 $\overline{Y}$。

在应用反演定理时应注意以下两点：

1）要遵守"先括号、然后与、最后或"的运算优先次序。

2）不属于单个变量上的长非号应保持不变。

【例1-9】 求下列逻辑函数的反函数：① $Y = A(B + C)$；② $Y = \overline{AB + C\,\overline{D}}$。

解：根据反演定理，求得以上函数的反函数为

① $\overline{Y} = \overline{A} + \overline{B}\,\overline{C}$

② $\overline{Y} = \overline{(A + \overline{B})(\overline{C} + D)}$

（3）对偶定理 对于任意一个逻辑函数 Y，若要求其对偶函数 Y' 时，只要将逻辑函数 Y 所有的"·"换成"+"，"+"换成"·"；"1"换成"0"，"0"换成"1"；而变量保持不变。所得到的逻辑函数式，即为原函数 Y 的对偶函数 Y'。

对偶定理：若两逻辑函数式相等，则它们的对偶式也相等。

在应用对偶定理时应注意以下两点：

1）要遵守"先括号、然后与、最后或"的运算优先次序。

2）所有的非号均应保持不变。

【例1-10】　求下列逻辑函数的对偶函数：①$Y = A + B\overline{C}$；②$Y = AB + CD$。

解：根据对偶定理，求得以上函数的对偶函数为

①$Y' = A（B + \overline{C}）$

②$Y' = （A + B）（C + D）$

3. 几个常用公式

逻辑函数除了上面的基本公式及基本定理外，还有一些常用的公式，这些公式对逻辑函数的化简是很有用的。

（1）并项公式

1）$AB + A\overline{B} = A$ $\hspace{6cm}$ (1-23)

证明：$AB + A\overline{B} = A（B + \overline{B}）= A \cdot 1 = A$

2）$（A + B）（A + \overline{B}）= A$ $\hspace{5.2cm}$ (1-24)

证明：$（A + B）（A + \overline{B}）= AA + A\overline{B} + AB + B\overline{B} = A + A（\overline{B} + B）+ 0 = A$

（2）吸收公式

$A + AB = A$ $\hspace{7cm}$ (1-25)

证明：$A + AB = A（1 + B）= A$

（3）消去公式

1）$A + \overline{A}B = A + B$ $\hspace{6cm}$ (1-26)

证明：$A + \overline{A}B = A + AB + \overline{A}B = A +（A + \overline{A}）B = A + B$

2）$A（\overline{A} + B）= AB$ $\hspace{5.8cm}$ (1-27)

证明：$A（\overline{A} + B）= A\overline{A} + AB = 0 + AB = AB$

（4）多余项公式

$AB + \overline{A}C + BC = AB + \overline{A}C$ $\hspace{4.8cm}$ (1-28)

证明：$AB + \overline{A}C + BC = AB + \overline{A}C +（A + \overline{A}）BC = AB + \overline{A}C + ABC + \overline{A}BC = AB + \overline{A}C$

由式(1-28)可得推论：

$AB + \overline{A}C + BCD = AB + \overline{A}C$ $\hspace{4.2cm}$ (1-29)

证明：$AB + \overline{A}C + BCD = AB + \overline{A}C + BC + BCD = AB + \overline{A}C + BC = AB + \overline{A}C$

（5）异或与同或公式

1）$\overline{\overline{A}B + A\overline{B}} = AB + \overline{A}\,\overline{B}$ $\hspace{4.8cm}$ (1-30)

证明：$\overline{\overline{A}B + A\overline{B}} = \overline{\overline{A}B} \cdot \overline{A\overline{B}} =（A + \overline{B}）（\overline{A} + B）= A\overline{A} + AB + \overline{A}\,\overline{B} + B\overline{B} = AB + \overline{A}\,\overline{B}$

2）$\overline{AB + \overline{A}\,\overline{B}} = \overline{A}B + A\overline{B}$ $\hspace{4.8cm}$ (1-31)

证明：$\overline{AB} + \overline{\overline{A}\,\overline{B}} = \overline{AB} \cdot \overline{\overline{A}\,\overline{B}} = (\overline{A} + \overline{B})(A + B) = \overline{A}A + \overline{A}B + A\overline{B} + \overline{B}B = \overline{A}B + A\overline{B}$

以上两式还可以表示为

$$\overline{A \oplus B} = A \odot B \qquad \overline{A \odot B} = A \oplus B$$

1.2.3 逻辑函数的表达

逻辑函数通常可用真值表、逻辑函数表达式、逻辑图、卡诺图、波形图五种方式进行表达，它们各有特点，相互间可以转换。

1. 逻辑函数的表示方法

（1）真值表　真值表是将输入逻辑变量的各种可能取值和对应的函数值排列在一起而组成的表格。前面我们已经列出了很多函数的真值表。

用真值表来表示逻辑函数的优点是：能直观、明了地反映逻辑变量的取值和函数值之间的对应关系。而且，从实际的逻辑问题列写真值表也比较容易。其缺点是：逻辑变量多时，列写真值表比较繁琐，而且不能运用逻辑代数公式进行函数化简。

（2）逻辑函数表达式　逻辑函数表达式是用与、或、非等逻辑运算的组合来表示逻辑函数与逻辑变量之间关系的代数表达式。逻辑函数表达式有多种表示形式，前面我们已经给出了很多函数的表达式。逻辑函数表达式又简称为逻辑表达式、逻辑式或表达式。

用逻辑函数表达式来表示逻辑函数的优点是：形式简单、书写方便，同时还能用逻辑代数公式进行函数化简；根据逻辑表达式画逻辑图比较容易。其缺点是：不能直观地反映出输入与输出变量之间的对应关系。

（3）逻辑图　逻辑图是用若干规定的逻辑符号连接构成的图。由于图中的逻辑符号通常都是和电路器件相对应，所以逻辑图又称为逻辑电路图。可见，用逻辑图实现电路是较容易的，因而，它有与工程实际比较接近的优点。

（4）卡诺图　卡诺图是真值表的一种特定的图示形式，是根据真值表按一定规则画出的一种方格图。卡诺图有真值表的特点，能反映所有变量取值下函数的对应值，因而应用很广。由于卡诺图在组成上的特点，使得卡诺图在简化逻辑函数时比较直观、容易掌握。它的缺点在于变量增加后，用卡诺图表示逻辑函数将变得较复杂，逻辑函数的简化也显得困难。卡诺图将在1.2.4节中详细介绍。

（5）波形图　波形图是指能反映输出变量与输入变量随时间变化的图形，又称时序图。波形图能直观地表达出输入变量和函数之间随时间变化的规律，可以让人们随时观察数字电路的工作情况。

2. 各种表示方法间的相互转换

（1）真值表转换为逻辑函数表达式　把真值表中输出为"1"的项对应的组合取出，取值为1的输入变量用原变量表示，取值为0的输入变量用反变量表示，各变量取值间用逻辑与组合在一起，构成一个乘积项，各组乘积项相加即为对应的函数式。

（2）逻辑函数表达式转换为真值表　把逻辑函数表达式中各输入变量的所有取值分别代入原函数式中进行计算，将计算结果列表表示，即为对应的真值表。

（3）逻辑函数表达式转换为逻辑图　把逻辑函数表达式中的运算符号用相应的逻辑图形符号代替，并按照运算优先顺序将这些图形符号连接起来，即可得到逻辑图。

（4）逻辑图转换为逻辑函数表达式　依次将逻辑图中的每个门的输出列出，一级一级列写下去，最后即可得到它的逻辑函数表达式。

下面通过例题说明各种表示方法之间的转换。

【**例1-11**】　如图1-13所示，它是一个利用单刀双掷开关来控制楼梯照明灯的电路。要求上楼时，先在楼下开灯，上楼后在楼上顺手把灯关掉；下楼时，可在楼上开灯，下楼后再把灯关掉。试用上述的五种逻辑函数的表示方法，来描述此实际的逻辑问题。

解：分析电路可知，只有当两个开关同时扳上或扳下时灯才亮，开关扳到一上一下时，灯就灭。

设开关为输入变量，分别用 A 和 B 表示，灯为输出变量，用 Y 表示。用0和1来表示开关和灯的状态，规定用1表示开关上扳，用0表示开关下扳；用1表示灯亮，用0表示灯灭。由分析可见：当 A 和 B 都为1或都为0时，灯亮，即 $Y=1$。其他情况下，灯灭，即 $Y=0$。

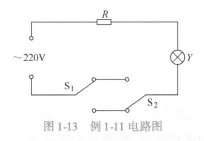

图1-13　例1-11电路图

表1-9　例1-11真值表

输入		输出
A	B	Y
0	0	1
0	1	0
1	0	0
1	1	1

1）列出真值表。列表时，要把逻辑变量的所有可能的取值情况都列出，并列出相应的函数值。根据排列组合的理论，如有 n 个逻辑变量，每个变量有两种可能的取值，则总共的取值可能有 2^n 种。习惯上，常按逻辑变量各种可能的取值所对应的二进制数的大小排列，这样既可避免遗漏，又可避免重复，此例中 AB 的取值有四种，按00、01、10、11排列，本例所列的真值表见表1-9。

2）写出逻辑函数表达式。根据真值表中 $Y=1$ 的各行，写出逻辑函数表达式。由表1-9可知，在输入变量 A、B 的四种不同的取值组合状态中，只有当 A 和 B 均为1或者均为0时，Y 都等于1，灯亮；其他两种情况下，灯全灭，即 $Y=0$。可见，对应灯亮的两种情况，每一组取值组合状态中，变量之间是与的关系，而这两组状态组合之间是或的关系，因而可以写出逻辑表达式为

$$Y = AB + \overline{A}\,\overline{B}$$

由上式可见，只有开关 A、B 都扳上或都扳下时灯才亮，否则灯就灭。即当 A、B 相同时，$Y=1$；当 A、B 不同时，$Y=0$，则此式为同或关系。

注意：已知真值表求表达式的方法是根据真值表中输入变量和输出变量的对应关系，先找出输出函数为1的各行，每一行写成一个乘积项。每个乘积项中输入变量取值为1的，写成原变量；输入变量取值为0的，写成反变量。再将输出变量等于1的几个乘积项相加即得对应的逻辑函数的与或表达式。

3）画逻辑图。根据上面的逻辑表达式可画出逻辑电路图，如图1-14所示。

4）画波形图。此例题所对应的波形图如图1-15所示。

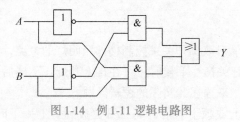

图 1-14 例 1-11 逻辑电路图

图 1-15 例 1-11 波形图

1.2.4 逻辑函数的化简

对于某一给定的逻辑函数，其真值表是唯一的，但是描述同一个逻辑函数的逻辑表达式却可以是多种多样的，往往根据实际逻辑问题归纳出来的逻辑函数并非最简，因此，有必要对逻辑函数进行化简。如果用电路元器件组成实际的电路，则化简后的电路不仅元器件用得较少，而且门输入端引线也少，使电路的可靠性得到了提高。常用的逻辑函数化简方法有两种：公式化简法（代数法）和卡诺图化简法（图形法）。

1. 公式化简法

公式化简法也叫代数化简法，它是利用逻辑代数的基本公式、基本定理和常用公式来简化逻辑函数的。

（1）逻辑表达式的表示形式 通常，逻辑表达式有五种表示形式，即与或表达式、或与表达式、与或非表达式、与非与非表达式、或非或非表达式。

例如：逻辑函数 $Y = AC + B\overline{C}$，它可以用五种逻辑函数的表达式来表示。

1）与或表达式：$Y = AC + B\overline{C}$

2）与非与非表达式：上式两次求反，再用反演定理得 $Y = AC + B\overline{C} = \overline{\overline{AC} \cdot \overline{B\overline{C}}}$

3）与或非表达式：由与非与非表达式，再利用反演定理得

$$Y = AC + B\overline{C} = \overline{\overline{AC} \cdot \overline{B\overline{C}}} = \overline{(\overline{A} + \overline{C})(\overline{B} + C)}$$
$$= \overline{\overline{A}\,\overline{B} + \overline{A}C + \overline{B}\,\overline{C} + \overline{C}C} = \overline{\overline{A}\,\overline{B} + \overline{A}C + \overline{B}\,\overline{C}}$$
$$= \overline{\overline{A}C + \overline{B}\,\overline{C}}$$

4）或与表达式：由与或非表达式，利用两次反演定理得

$$Y = \overline{\overline{AC} + \overline{B}\,\overline{C}} = \overline{\overline{AC} \cdot \overline{\overline{B}\,\overline{C}}} = (A + \overline{C})(B + C)$$

5）或非或非表达式：或与表达式两次求反，再用反演定理得

$$Y = \overline{\overline{(A + \overline{C})(B + C)}} = \overline{\overline{A + \overline{C}} + \overline{B + C}}$$

由于类型的不同，最简的标准也就各不相同，其中使用最广泛的最简形式是与或式，因为其最为常见且易于转换为其他的各种表达形式。与或式最简的标准是：式中的乘积项最少，且每个乘积项中的因子也最少。

（2）公式化简法常用方法

1）并项法。利用公式 $AB + A\overline{B} = A$，将两个乘积项合并成一项，并消去一个互补变量。

【例 1-12】 化简函数 $Y = A\overline{B}C + A\overline{B}\,\overline{C}$。

解：$Y = A\bar{B}C + A\bar{B}\bar{C} = A\bar{B}(C + \bar{C}) = A\bar{B}$

【例1-13】 化简函数 $Y = ABC + A\bar{B}\bar{C} + AB\bar{C} + A\bar{B}C$。

解：$Y = ABC + A\bar{B}\bar{C} + AB\bar{C} + A\bar{B}C$

$= AB(C + \bar{C}) + A\bar{B}(\bar{C} + C)$

$= AB + A\bar{B} = A$

2）吸收法。利用公式 $A + AB = A$，吸收多余的乘积项。

【例1-14】 化简函数 $Y = \bar{A}B + \bar{A}BCD(E + F)$。

解：$Y = \bar{A}B + \bar{A}BCD(E + F) = \bar{A}B[1 + CD(E + F)] = \bar{A}B$

3）消去法。利用公式 $A + \bar{A}B = A + B$，消去多余因子。

【例1-15】 化简函数 $Y = AB + \bar{A}C + \bar{B}C$。

解：$Y = AB + \bar{A}C + \bar{B}C = AB + (\bar{A} + \bar{B})C = AB + \overline{AB}C = AB + C$

4）配项法。利用公式 $A + \bar{A} = 1$，给某个不能直接化简的与项配项，增加必要的乘积项，或人为地增加必要的乘积项，然后再用公式进行化简。

【例1-16】 化简函数 $Y = A\bar{B} + B\bar{C} + \bar{B}C + \bar{A}B$。

解法一：$Y = A\bar{B} + B\bar{C} + \bar{B}C + \bar{A}B$

$= A\bar{B}(C + \bar{C}) + (A + \bar{A})B\bar{C} + \bar{B}C + \bar{A}B$

$= A\bar{B}C + A\bar{B}\bar{C} + AB\bar{C} + \bar{A}B\bar{C} + \bar{B}C + \bar{A}B$

$= \bar{B}C(A + 1) + \bar{A}B(\bar{C} + 1) + A\bar{C}(B + \bar{B})$

$= \bar{B}C + \bar{A}B + A\bar{C}$

解法二：$Y = A\bar{B} + B\bar{C} + \bar{B}C + \bar{A}B$

$= A\bar{B} + B\bar{C} + (A + \bar{A})\bar{B}C + \bar{A}B(C + \bar{C})$

$= A\bar{B} + B\bar{C} + A\bar{B}C + \bar{A}\bar{B}C + \bar{A}BC + \bar{A}B\bar{C}$

$= A\bar{B}(1 + C) + B\bar{C}(1 + \bar{A}) + \bar{A}C(\bar{B} + B)$

$= A\bar{B} + B\bar{C} + \bar{A}C$

实际解题时，往往会遇到比较复杂的逻辑函数，因此需要综合运用上述几种方法进行化简，才能得到最简的结果。

【例1-17】 化简函数 $Y = \bar{A}\bar{B}\bar{C} + A\bar{B}C + ABC + A + B\bar{C}$。

解：$Y = \bar{A}\bar{B}\bar{C} + A\bar{B}C + ABC + A + B\bar{C}$

$= \bar{A}\bar{B}\bar{C} + A(\bar{B}C + BC + 1) + B\bar{C}$

$= \bar{A}\bar{B}\bar{C} + A + B\bar{C}$

$= \bar{B}\bar{C} + A + B\bar{C}$

$= A + \bar{C}$

【例1-18】 化简函数 $Y = \overline{\overline{AC} + \overline{AB}C + \overline{BC} + AB\overline{C}}$。

解：$Y = \overline{\overline{C}(A + \overline{A}B) + \overline{B}C + AB\overline{C}}$

$= \overline{\overline{C}(A + B) + \overline{B}C + AB\overline{C}}$

$= \overline{C} + \overline{A + B} + \overline{\overline{B}C} + \overline{AB\overline{C}}$

$= \overline{C}(1 + AB) + \overline{A}\overline{B} + \overline{B}C$

$= (\overline{C} + \overline{B}C) + \overline{A}\overline{B}$

$= \overline{C} + \overline{B} + \overline{A}\overline{B}$

$= \overline{C} + \overline{B}$

$= BC$

化简结束后，还可以根据逻辑系统对所用门电路类型的要求，或按给定的组件对逻辑表达式进行变换。

2. 卡诺图化简法

公式法化简函数有方法和技巧的要求，对初学者来说有一定的难度。下面将介绍卡诺图化简法，这是一种既直观又有步骤可循的化简方法。

（1）逻辑函数的最小项

1）最小项的定义。对于任意一个逻辑函数，设有 n 个输入变量，它们所组成的具有 n 个变量的乘积项中，每个变量以原变量或者以反变量的形式出现一次，且仅出现一次，那么该乘积项称为该函数的一个最小项。

具有 n 个输入变量的逻辑函数，有 2^n 个最小项。例如，在三变量的逻辑函数中，有八种基本输入组合，每组输入组合对应着一个基本乘积项，也就是最小项，即 $\overline{A}\,\overline{B}\,\overline{C}$、$\overline{A}\,B\overline{C}$、$\overline{A}B\,\overline{C}$、$\overline{A}BC$、$A\,\overline{B}\,\overline{C}$、$A\,\overline{B}C$、$AB\,\overline{C}$、$ABC$ 都符合最小项的定义。除此之外，还有 $A\overline{C}$、$(A + B)\overline{C}$ 和 $ABCA$ 等乘积项，都不符合最小项的定义，所以都不是最小项。

2）最小项的性质。最小项具有下列重要性质：

① 对于任意一个最小项，只有对应一组变量取值，才能使其值为1，而在变量的其他取值时，这个最小项的值都是0。

例如，对于 $AB\overline{C}$ 这个最小项，只有变量取值为110时，它的值为1，而在变量取其他各组值时，这个最小项的值为0。

② 对于变量的任意一组取值，任意两个最小项的乘积（逻辑与）为0。

③ 对于变量的任意一组取值，所有最小项之和（逻辑或）为1。

④ 相邻的两个最小项可以合并成一项，并消去不同变量，保留相同变量。两个最小项具有相邻性，指的是两个最小项中只有一个因子不同。

3）最小项编号。n 个输入变量的逻辑函数有 2^n 个最小项，为了书写方便，将最小项进行编号，记为 m_i，下标 i 就是最小项的编号。编号的方法是把最小项的原变量记作 1，反变量记作 0，把每个最小项表示为一个二进制数，然后将这个二进制数转换成相对应的十进制数，即为最小项的编号，如三变量最小项 $AB\bar{C}$ 的编号为 m_6。

4）最小项表达式。任何一个逻辑函数都可以表示成若干个最小项之和的形式，这样的逻辑表达式称为最小项表达式。只要利用公式 $A+\bar{A}=1$，就可以把任意一个逻辑函数写成最小项之和的形式。

【例 1-19】 将三变量函数 $Y=AB+\bar{A}C$ 写成最小项之和的标准形式。

解： $Y=AB+\bar{A}C=AB(C+\bar{C})+\bar{A}(B+\bar{B})C$

$$=ABC+AB\bar{C}+\bar{A}BC+\bar{A}\bar{B}C$$

$$=m_1+m_3+m_6+m_7=\sum(m_1,m_3,m_6,m_7)$$

也可以写作 $\sum m(1,3,6,7)$。

(2) 卡诺图　卡诺图是真值表的一种特定的图示形式，是根据真值表按一定规则画出的一种方格图，所以又叫真值图。它是由若干个按一定规律排列起来的方格图组成的。每一个方格代表一个最小项，它用几何位置上的相邻，形象地表示了组成逻辑函数的各个最小项之间在逻辑上的相邻性，所以卡诺图又叫最小项方格图。卡诺图化简逻辑函数的方法可以通过扫描二维码进行简单了解，具体内容可结合下面内容学习。

1）逻辑变量的卡诺图。逻辑变量卡诺图是由若干个按一定规律排列起来的最小项方格图组成的。

具有 n 个输入变量的逻辑函数，有 2^n 个最小项，其卡诺图由 2^n 个小方格组成。每个方格和一个最小项相对应，每个方格所代表的最小项的编号，就是其左边和上边二进制码的数值。

逻辑变量卡诺图的组成特点是把具有逻辑相邻的最小项安排在位置相邻的方格中。图 1-16 所示分别为二、三、四变量卡诺图，图中上下、左右之间的最小项都是逻辑相邻项。五个及其以上变量的卡诺图比较复杂，不能体现卡诺图直观、方便的特点，因此一般不采用这种表达方式。

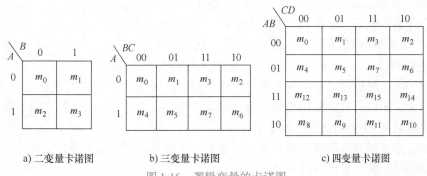

a) 二变量卡诺图　　b) 三变量卡诺图　　c) 四变量卡诺图

图 1-16　逻辑变量的卡诺图

由图 1-16 可见，为了相邻的最小项具有逻辑相邻性，变量的取值不能按 00→01→10→11 的顺序排列，而要按 00→01→11→10 的循环码顺序排列。这样才能保证任何几何位置相邻的最小项也是逻辑相邻项。

2）逻辑函数卡诺图。在逻辑变量卡诺图上，将逻辑函数表达式中包含的最小项对应的方格内填1，没有包含的最小项对应的方格内填0或不填，就可得到逻辑函数卡诺图。

【例1-20】 将函数 $Y = \overline{A}B\,\overline{C}D + AB\,\overline{C}\,\overline{D} + \overline{A}BCD + A\,\overline{B}CD + ABCD + ABC\,\overline{D}$ 用卡诺图表示。

解：将逻辑函数写出最小项之和的形式为

$$Y = \overline{A}B\,\overline{C}D + AB\,\overline{C}\,\overline{D} + \overline{A}BCD + A\,\overline{B}CD + ABCD + ABC\,\overline{D}$$
$$= m_5 + m_{12} + m_7 + m_{11} + m_{15} + m_{14}$$
$$= \sum m\,(5,\ 7,\ 11,\ 12,\ 14,\ 15)$$

先画出逻辑变量卡诺图，再根据逻辑函数最小项表达式，在其最小项对应的小方格中填1，没有最小项对应的小方格中填0或不填，即得到函数的卡诺图如图1-17所示。

若已知逻辑函数一般表达式，则先将逻辑函数一般表达式转换为与或表达式，然后再变换成最小项表达式，最后根据逻辑函数最小项表达式，直接画出函数的卡诺图。

AB＼CD	00	01	11	10
00				
01		1	1	
11	1		1	1
10			1	

图1-17　例1-20中Y的卡诺图

【例1-21】 画出函数 $Y = AB + \overline{B}C + \overline{(A + \overline{B})}$ 的卡诺图。

解：先将逻辑函数转换为与或表达式，然后再变换成最小项表达式：

$$Y = AB + \overline{B}C + \overline{(A + \overline{B})}$$
$$= AB + \overline{B}C + \overline{A}B$$
$$= AB\,(C + \overline{C})\ +\ (A + \overline{A})\,\overline{B}C + \overline{A}B\,(C + \overline{C})$$
$$= ABC + AB\,\overline{C} + A\,\overline{B}C + \overline{A}\,\overline{B}C + \overline{A}BC + \overline{A}B\,\overline{C}$$
$$= m_7 + m_6 + m_5 + m_1 + m_3 + m_2$$
$$= \sum m\,(1,\ 2,\ 3,\ 5,\ 6,\ 7)$$

画出函数的卡诺图如图1-18所示。

（3）用卡诺图化简逻辑函数　用卡诺图化简逻辑函数，就是依据最小项合并的规律，把具有相邻性的2个最小项合并成一项（用一个圆圈标示出来），消去一个因子；把4个具有相邻性的最小项合并成一项，消去2个因子，8个具有相邻性的最小项合并成一项，可以消去3个因子等，以此类推，2^n 个具有相邻性的最小项合并成一项，消去 n 个因子。所以，凡是几何相邻的最小项均可合并，合并时消去不同变量，保留相同变量。但要注意只有 2^n 个相邻最小项才能合并。

A＼BC	00	01	11	10
0		1	1	1
1		1	1	1

图1-18　例1-21中Y的卡诺图

合并时，圈0得到反函数，圈1得到原函数，通常采用圈1的方法。

用卡诺图法化简逻辑函数的一般步骤如下：

1）填"1"——画出需要化简的逻辑函数的变量卡诺图。

2）圈"1"——找出所有具有相邻性的 2^n 个最小项，用1圈出，得出对应的乘积项。

3）写出最简与或表达式——将上一步得到的各乘积项相加，得到该函数的最简与或表达式。

合并最小项时要注意几点：

1）结果的乘积项包含函数的全部最小项。

2）所需要画的圈要尽可能少，或说化简后的乘积项数目越少越好。

3）每个圈里1的数目尽可能多，或说化简后的每个乘积项包含的因子数目越少越好。

【例1-22】 用卡诺图化简逻辑函数 $Y(A, B, C) = \sum m(0, 1, 3, 4, 5)$。

解：化简的步骤如下：

1）画出三变量卡诺图，并在对应的最小项方格内填入1，如图1-19所示。

2）按最小项的合并规律，可以画出两个包围圈，如图1-19所示。

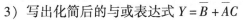

3）写出化简后的与或表达式 $Y = \bar{B} + \bar{A}C$

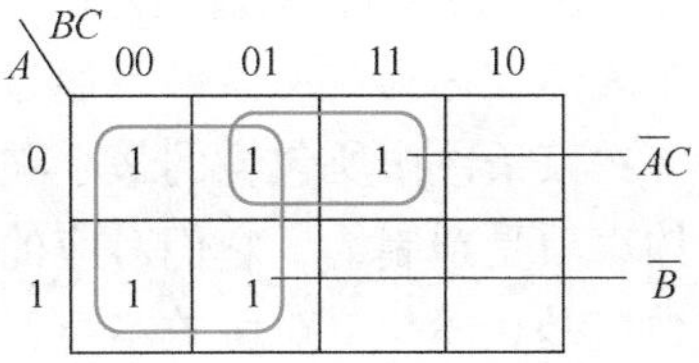

图1-19 例1-22的卡诺图

【例1-23】 用卡诺图化简逻辑函数

$$Y = A\bar{B}CD + AB\bar{C}D + A\bar{B} + A\bar{B}C + A\bar{D}$$

解：化简的步骤如下：

1）按合并最小项的方法直接将函数表达式填入四变量卡诺图中，得 Y 的卡诺图如图1-20所示。

2）按最小项的合并规律，可以画出四个包围圈，即将 m_8、m_9、m_{10}、m_{11} 4个小方格圈入一圈，得 $A\bar{B}$；将 m_8、m_9、m_{12}、m_{13} 4个小方格圈入一圈，得 $A\bar{C}$；将 m_8、m_{10}、m_{12}、m_{14} 4个小方格圈入一圈，得 $A\bar{D}$。

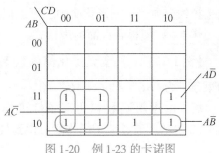

图1-20 例1-23的卡诺图

3）合并后相或，得逻辑函数最简与或表达式为 $Y = A\bar{B} + A\bar{C} + A\bar{D}$

【例1-24】 用卡诺图化简逻辑函数

$$Y = \bar{A}BC\bar{D} + \bar{A}B\bar{C}D + ABCD + A\bar{B}D + \bar{B}\bar{D}。$$

解：化简的步骤如下：

1）画出四变量卡诺图，并由已知的函数式直接画出卡诺图如图1-21所示。

2）按最小项的合并规律，先把孤立的1圈起来，而后再将符合 2^n 个相邻为1的小方格圈起来，可画出四个包围圈，如图1-21所示。

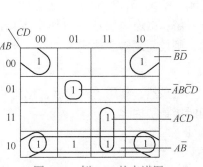

图1-21 例1-24的卡诺图

3）将每个圈所对应的乘积项相加，即得到最简与或式为

$$Y = A\bar{B} + ACD + \bar{B}\bar{D} + \bar{A}B\bar{C}D$$

（4）具有约束项的逻辑函数的化简

1）约束项、任意项和无关项。逻辑函数的输入变量之间有一定的制约关系，称为约

束；这样一组输入变量称为具有约束的变量。例如，在数字系统中，如果用 A、B、C 三个变量分别表示加、乘、除三种操作，而由于机器每次只进行三种操作的一种，所以任何两个变量都不会同时取值为 1，即 A、B、C 三个变量的 8 种取值组合中，取值只可能出现 000、001、010、100 而不会出现 011、101、110、111。这说明三个变量 A、B、C 之间存在着相互制约的关系，即 A、B、C 为约束变量，由其决定的逻辑函数称为有约束的逻辑函数。011、101、110、111 四种组合不可能出现，也就是说它们对应的最小项 $\overline{A}BC$、$A\overline{B}C$、$AB\overline{C}$、ABC 的值永远不会为 1，其值恒为 0，可以写作 $\overline{A}BC+A\overline{B}C+AB\overline{C}+ABC=0$ 或 $\sum d$ (3，5，6，7) $=0$，这个表达式称为约束条件。通过化简，也可以写成 $AB+AC+BC=0$。

约束条件中所包含的最小项，也就是不可能出现的变量组合项，我们称之为约束项。由于约束项受到制约，它们对应的取值组合不会出现，因此，对于这些变量取值组合来说，其函数值是 0 还是 1 对函数本身没有影响，在卡诺图中可用"×"表示，也就是说既可以看作是 0，又可以看作是 1，所以也称任意项或无关项。

2）具有约束项的逻辑函数的化简。对于具有约束的逻辑函数，可以利用约束项进行化简。从逻辑代数的角度看，当把约束项所对应的函数值看作是 0 时，则表示逻辑函数中不包含这一个约束项；当把约束项所对应的函数值看作是 1 时，则表示逻辑函数中包含这一个约束项。但是，由于它所对应的取值根本就不会出现，所以在逻辑函数表达式中，加上约束项或不加约束项都不会影响函数的实际取值。所以，在公式化简中，可以根据化简的需要加上或去掉约束项；在图形化简中，可以把约束项看作是 0，也可以根据合并相邻项的需要，把它当作 1，以便得到最简的表达式。

【例 1-25】 用卡诺图化简函数 $Y=\overline{A}\,\overline{B}\,\overline{C}+\overline{B}\,\overline{C}$，约束条件为 $\overline{A}BC+AB\overline{C}+ABC=0$。

解： 由逻辑函数和约束条件可作出卡诺图，如图 1-22 所示，通过卡诺图化简可得到最简逻辑表达式为 $Y=\overline{C}$

图 1-22　例 1-25 的卡诺图

【例 1-26】 化简逻辑函数 $Y(A,B,C,D)=\sum m$ (3，5，6，7，10) $+\sum d$ (0，1，2，4，8，15)。

解： 由逻辑表达式可作出卡诺图，如图 1-23 所示，则最简逻辑表达式为

$$Y=\overline{A}+\overline{B}\,\overline{D}$$

很显然，利用约束项后，化简结果比没使用约束项时简单了许多。

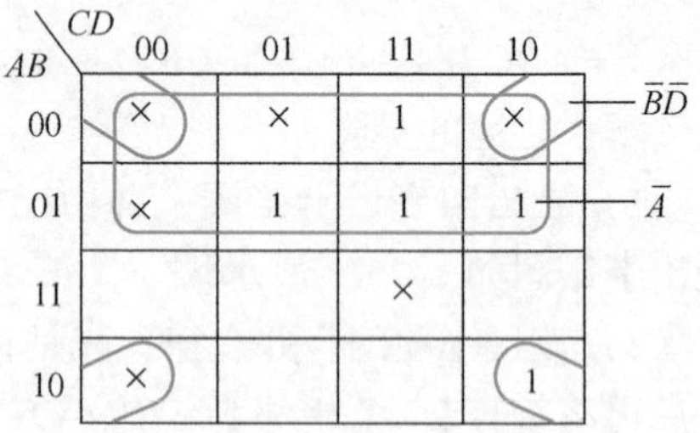

图 1-23　例 1-26 的卡诺图

1.3 逻辑门电路

1.3.1 逻辑门电路概述

用以实现与、或、非等逻辑运算的电子电路称为逻辑门电路。常用的逻辑门电路有与门、或门、非门、与非门、或非门、与或非门、异或门和同或门等。各种逻辑门电路是组成数字系统的基本单元电路。

半导体二极管、晶体管、场效应晶体管等开关器件可以用来构成各种逻辑门电路，但用得更多的还是集成逻辑电路。集成逻辑门电路主要有 TTL 门电路和 CMOS 门电路。TTL 门电路由双极型晶体管组成，CMOS 门电路由单极型 MOS 管组成。

通常，各种逻辑门电路的输入和输出都只表示为高电平 U_H 和低电平 U_L 两个对立的状态，可用逻辑 1 和逻辑 0 来表示。在数字电路中，如果用 1 表示高电平，用 0 表示低电平，称为正逻辑；反之，用 0 表示高电平，用 1 表示低电平，称为负逻辑。本书中，如不加特别说明，则一律采用正逻辑。

需要注意的是，高电平和低电平不是一个固定的数值，而是允许有一定的变化范围，只要能够明确区分开这两种对应的状态就可以了。在实际应用中，若高电平太低，或低电平太高，都会使逻辑 1 或逻辑 0 这两种逻辑状态区分不清，从而破坏了原来确定的逻辑关系。因此，人们规定了高电平的下限值，并称它为标准高电平，用 U_{SH} 表示；同样也规定了低电平的上限值，称为标准低电平，用 U_{SL} 表示。在实际的逻辑系统中，应满足高电平 $U_H \geq U_{SH}$，低电平 $U_S \leq U_{SL}$。

1.3.2 分立元器件门电路

1. 二极管门电路

（1）二极管的开关特性 二极管具有单向导电性，故可以把二极管当作一个受外加电压控制的开关来使用。在外加电压没有突变的情况下，二极管稳定导通或截止时的特性称为静态开关特性；在外加电压突然变化时，二极管从一种状态转换到另一种工作状态时的转换特性称为动态特性。

1）二极管的静态开关特性。在二极管两端施加正向电压（大于死区电压）时，二极管导通。充分导通后其管压降基本为一定值，普通硅管约为 0.7V，锗管为 0.3V。因此，二极管导通时，如同一个闭合的开关。当二极管加反向电压时，二极管截止，反向电流很小而且基本不变，呈现很高的反向电阻。一般硅二极管的反向电阻在 10MΩ 以上，锗二极管的反向电阻为几百千欧到几兆欧。因此，二极管截止时，如同一个断开的开关，其等效电路如图 1-24 所示。

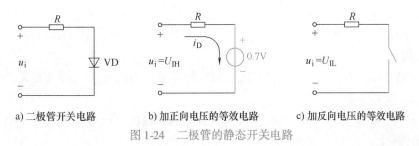

a) 二极管开关电路   b) 加正向电压的等效电路   c) 加反向电压的等效电路

图 1-24 二极管的静态开关电路

2）二极管的动态开关特性。动态时，二极管的转换过程有两种，即截止到导通的转换和导通到截止的转换。

二极管从截止到导通所需的时间称为开通时间，开通时间很短，通常可以忽略。二极管从导通变为截止所需的时间称为反向恢复时间，用 t_{re} 表示。由于反向恢复时间比开通时间长，所以我们主要讨论反向恢复时间。

产生反向恢复时间的主要原因是 PN 结的电容效应。当二极管加正向电压时，P 区的多数载流子空穴大量流入 N 区，N 区的多数载流子自由电子大量流入 P 区，PN 结的等效电容充电，形成相当数量的存储电荷。正向电流越大，存储电荷越多。当外加反向电压 $u_i = -U_R$ 时，存储电荷就会形成较大的反向电流 I_R，且 $I_R = -U_R/R$，然后 PN 结的等效电容放电，当存储电荷基本消失后，二极管又反向充电，然后转入截止状态。显然，反向恢复时间就是存储电荷消散所需的时间。设二极管为理想二极管，其动态开关特性如图 1-25 所示。

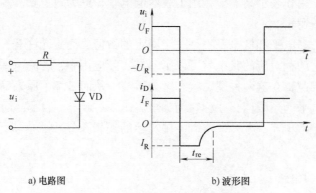

a) 电路图　　　　　　　　　　　b) 波形图

图 1-25　二极管的动态开关特性

在低速开关电路中，t_{re} 可以忽略不计；但是在高速开关电路中，t_{re} 就必须考虑了。如果输入方波的周期小于 $2t_{re}$，则该二极管就不能起开关作用。为提高二极管的转换速度，改善其开关特性，就应控制正向导通电流 i_D 不要过大。另外要挑选结电容小、反向恢复时间小的二极管。如果是要求较高的场合，可选用快恢复二极管或肖特基二极管。

（2）二极管与门电路　图 1-26a 所示电路是二极管构成的与门电路，A、B 是它的两个输入端，Y 是输出端。图 1-26b 所示是它的逻辑符号。

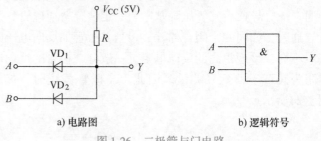

a) 电路图　　　　　　　　　b) 逻辑符号

图 1-26　二极管与门电路

在图 1-26a 中，设两输入端 A、B 输入的高电平信号 $U_{IH} = 3.7V$，输入的低电平信号 $U_{IL} = 0$，则电路的工作情况如下：

当 $U_A = 0V$、$U_B = 0V$ 时，二极管 VD_1、VD_2 均导通，设二极管的导通压降为 0.7V，则输出电压 $U_Y = 0.7V$。

当 $U_A = 0V$、$U_B = 3.7V$ 时，二极管 VD_1 优先导通，输出电压被钳位在 $U_Y = 0.7V$，二极管 VD_2 反偏截止。

当 $U_A = 3.7V$、$U_B = 0V$ 时，二极管 VD_2 优先导通，输出电压 $U_Y = 0.7V$，二极管 VD_1 反偏截止。

当 $U_A = U_B = 3.7V$ 时，二极管 VD_1、VD_2 均导通，由于二极管的钳位作用，输出电压被钳位在 4.4V，$U_Y = 4.4V$。

由此可得图 1-26a 所示的与门电平关系表，见表 1-10。即只有当输入端 A 和 B 全为高电平时，输出 Y 才为高电平，其真值表见表 1-11，符合"与"门的逻辑关系，即"有 0 出 0，

全 1 出 1"。逻辑表达式为

$$Y = AB \tag{1-32}$$

二极管与门的输入端可以多于两个，如图 1-27 所示。当有多个输入端时，可表示为

$$Y = ABC\cdots \tag{1-33}$$

与门可以实现与运算。

表 1-10 与门电平关系表

U_A/V	U_B/V	U_Y/V
0	0	0.7
0	3.7	0.7
3.7	0	0.7
3.7	3.7	4.4

表 1-11 与门真值表

U_A	U_B	U_Y
0	0	0
0	1	0
1	0	0
1	1	1

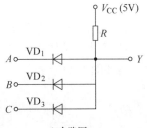 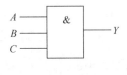

a) 电路图　　　　　　　　　　　　b) 逻辑符号

图 1-27 多输入端与门

（3）二极管或门电路　图 1-28 所示为二极管或门电路和逻辑符号。设两输入端 A、B 输入的高电平信号 $U_{IH} = 3.7V$，输入的低电平信号 $U_{IL} = 0V$，可得或门电路的电平关系表和对应的真值表，见表 1-12 与表 1-13。

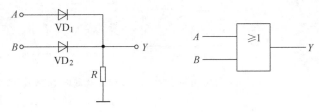

a) 电路图　　　　　　　　　　　　b) 逻辑符号

图 1-28 二极管或门电路

从表 1-13 可以看出，A、B 中只要有 1，则输出为 1，符合或门逻辑关系，所以，Y 等于 A、B 的或逻辑，即"有 1 出 1，全 0 出 0"，表示为

$$Y = A + B \tag{1-34}$$

表 1-12 或门电平关系表

U_A/V	U_B/V	U_Y/V
0	0	0
0	3.7	3
3.7	0	3
3.7	3.7	3

表 1-13 或门真值表

A	B	Y
0	0	0
0	1	1
1	0	1
1	1	1

当有多个输入端时，可表示为

$$Y = A + B + C + \cdots \tag{1-35}$$

或门可以实现或运算。

2. 晶体管非门电路

（1）晶体管的开关特性　晶体管有三种工作状态：截止状态、放大状态、饱和状态。

在放大电路中，晶体管作为放大器件，主要工作在放大区。在数字电路中，晶体管主要工作在截止状态或饱和状态，并且经常在截止状态和饱和状态之间经过放大状态进行快速转换和过渡，晶体管的这种工作状态称为开关状态。

1）晶体管的静态开关特性。通过对模拟电子技术的学习可以知道，晶体管可靠截止的外部条件是发射结和集电结都反向偏置，此时晶体管基极电流 I_B 和集电极电流 I_C 都近似为 0，C、E 之间相当于一个断开的开关。

晶体管处于饱和状态时，集电极电流 I_C 与 β 及 I_B 无关，而与 R_C 成反比。此时的集电极电流称为 I_{CS}（集电极饱和电流），且

$$I_{CS} = \frac{V_{CC} - U_{CES}}{R_C} \approx \frac{V_{CC}}{R_C}$$

设 $I_{BS} = I_{CS}/\beta$，则晶体管处于饱和状态时，$I_B > I_{BS}$，I_C 不再等于 βI_B，达到饱和值 I_{CS}。晶体管饱和时，$U_{BE} = 0.7\text{V}$，$U_{CE} = U_{CES} \approx 0.3\text{V}$。由此可见，晶体管饱和时，C、E 之间相当于一个闭合的开关。晶体管开关状态的近似等效电路如图 1-29 所示。

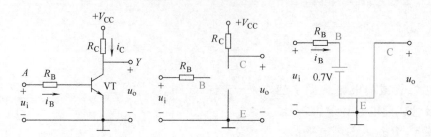

　　a) 晶体管开关电路　　　b) 晶体管截止时的等效电路　　　c) 晶体管饱和时的等效电路

图 1-29　晶体管的静态开关电路

2）晶体管的动态开关特性。和二极管一样，晶体管作为开关应用时，在饱和导通（开关闭合）和截止（开关断开）状态之间进行相互转换时，也需要经过一定的时间。晶体管由截止到饱和导通的时间称为开启时间，用 t_{on} 表示，晶体管由饱和导通到截止的时间称为关闭时间，用 t_{off} 表示。

在图 1-29a 所示电路的输入端加入图 1-30a 所示的理想矩形波时，在理想情况下，其集电极电流 i_C 的波形如图 1-30b 所示。当 $u_i = +U_1$ 时，晶体管饱和，$i_C = I_{CS}$；当 $u_i = -U_2$ 时，晶体管截止，$i_C = 0$。

而实际上集电极电流的波形如图 1-30c 所示，当输入电压从 $-U_2$ 正跳变到 $+U_1$ 时，集电极电流经过一段开启时间 t_{on}（包括延迟时间 t_d 和上升时间 t_r）后，才从 $i_C = 0$ 上升到饱和电流 I_{CS}，因此，开启时间 t_{on} 反映了晶体管从截止到饱和所需要的时间。当输入电压由 $+U_1$ 负跳变到 $-U_2$ 时，集电极电流经过一段时间 t_{off}（包括存储时间 t_s 和下降时间 t_f）后，才从 I_{CS} 下降到 0，所以关闭时间 t_{off} 反映了晶体管从饱和到截止所需要的时间。

晶体管的开启时间 t_{on} 和关闭时间 t_{off} 的和称为晶体管的开关时间，一般在几十纳秒至几

十微秒时间内，随着管子的不同有很大的差别。通常 $t_{\mathrm{off}} >$
t_{on}，而且 $t_s > t_f$。要减小存储时间 t_s，可以采用降低晶体管的
饱和程度或加大基极反向电压和反向驱动电流的方法。

（2）晶体管非门电路　图 1-29a 所示的晶体管开关电路，
实际上就是一个晶体管非门电路（反相器），为了提高反相
器的低电平抗干扰能力，反相器电路通常采用图 1-31a 所示
的形式。图 1-31b 所示是反相器的逻辑符号。

当输入低电平时，晶体管截止，$i_{\mathrm{C}} \approx 0$，输出高电平，
$U_{\mathrm{Y}} = U_{\mathrm{OH}} = V_{\mathrm{CC}}$。当输入高电平时，若 R_1、R_{B}、R_{C} 选择适当，
则晶体管饱和，输出低电平，$U_{\mathrm{Y}} = U_{\mathrm{OL}} \approx 0.3\mathrm{V}$。在忽略晶体
管开关时间的情况下，输出电压的波形如图 1-31c 所示。从
图中可以看出，输入低电平时，输出为高电平；输入高电平
时，输出为低电平，满足非逻辑关系，即

$$Y = \bar{A} \tag{1-36}$$

（3）反相器的带负载能力　反相器的输出端所接负载有

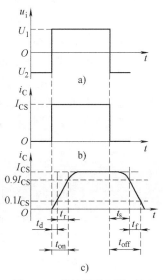

图 1-30　晶体管的开关时间

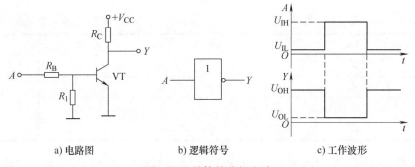

a) 电路图　　　　b) 逻辑符号　　　　c) 工作波形

图 1-31　晶体管非门电路

两种形式：图 1-32 所示是灌电流负载，其电流方向是由负载流入反相器的输出端；图 1-33
所示是拉电流负载，电流方向是从反相器流向负载。

图 1-32 中，当输入为高电平时，晶体管 VT 饱和，输出低电平 $U_{\mathrm{Y}} = 0.3\mathrm{V}$，这时的集电
极电流为 $i_{\mathrm{C}} = I_{\mathrm{RC}} + i_{\mathrm{L}}$，为使晶体管维持在饱和状态，必须满足 $i_{\mathrm{C}} = I_{\mathrm{RC}} + i_{\mathrm{L}} < \beta i_{\mathrm{B}}$。若灌电流
i_{L} 太大，会破坏晶体管的饱和条件，使晶体管进入放大状态，超出低电平的最大允许值。另
外，i_{C} 的最大值也不能超过晶体管的最大允许电流 I_{CM}。

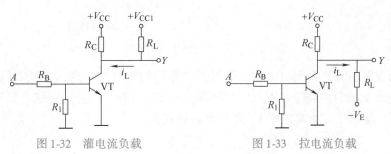

图 1-32　灌电流负载　　　　　　　　　图 1-33　拉电流负载

图 1-33 中，当输入为低电平时，晶体管 VT 截止，输出高电平 $U_Y = U_{OH} = V_{CC} - i_L R_C$，$i_L$ 增大，则 U_{OH} 下降，但必须满足 $U_{OH} \geqslant U_{SH}$。

3. 组合逻辑门电路

（1）与非门电路　在二极管与门的输出级连接一个晶体管非门，则构成了与非门电路。图 1-34 所示为与非门电路及其逻辑符号。它的逻辑功能是靠与门的输出信号控制非门的工作来实现的。与非门的真值表见表 1-14。其逻辑功能为：当输入 A、B 中有低电平 0 时，输出 Y 为高电平 1；只有当 A、B 都为高电平 1 时，输出 Y 才为低电平 0。其逻辑表达式为

$$Y = \overline{AB} \tag{1-37}$$

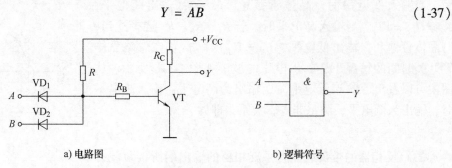

a) 电路图　　　　　　　　　b) 逻辑符号

图 1-34　与非门电路及其逻辑符号

<table>
<tr><td colspan="3">表 1-14　与非门真值表</td><td colspan="3">表 1-15　或非门真值表</td></tr>
<tr><td>A</td><td>B</td><td>U_Y/V</td><td>A</td><td>B</td><td>Y</td></tr>
<tr><td>0</td><td>0</td><td>1</td><td>0</td><td>0</td><td>1</td></tr>
<tr><td>0</td><td>1</td><td>1</td><td>0</td><td>1</td><td>0</td></tr>
<tr><td>1</td><td>0</td><td>1</td><td>1</td><td>0</td><td>0</td></tr>
<tr><td>1</td><td>1</td><td>0</td><td>1</td><td>1</td><td>0</td></tr>
</table>

（2）或非门电路　在二极管或门的输出级连接一个晶体管非门，则构成了或非门电路。图 1-35 所示为或非门电路及其逻辑符号。

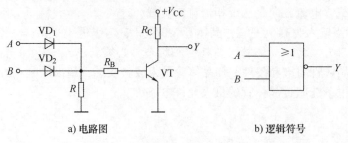

a) 电路图　　　　　　　　　b) 逻辑符号

图 1-35　或非门电路及其逻辑符号

或非门的逻辑功能是靠或门的输出信号控制非门的工作来实现的。或非门的真值表见表 1-15。其逻辑功能为：当输入 A、B 中有高电平 1 时，输出 Y 为低电平 0；只有当 A、B 都为低电平 0 时，输出 Y 才为高电平 1。其逻辑表达式为

$$Y = \overline{A + B} \tag{1-38}$$

1.3.3　集成逻辑门电路

1. TTL 集成逻辑门电路

（1）TTL 与非门　TTL 集成电路全称为晶体管-晶体管集成电路，它以双极型半导体管和电阻为基本元器件集成在一块硅片上，并具有一定的逻辑功能，电路的输入端和输出端都采用晶体管。TTL 集成电路是目前各种集成电路中应用很广泛的一种，具有可靠性高、速度快、抗干扰能力强等突出优点。TTL 与非门的特点可以通过扫描二维码进行简单了解，具体内容可结合下面内容学习。

TTL 电路有不同系列的产品，如 54/74 通用系列、54H/74H 高速系列、54S/74S 肖特基系列和 54LS/74LS 低功耗肖特基系列，其中 54 系列是 74 系列对应的军品。各系列产品的参数不同，主要差别反映在典型门的平均传输延迟时间和平均功耗这两个参数上，其中 74LS 系列的产品综合性能较好，应用最广泛，下面以 74LS 芯片为例，介绍 TTL 集成门电路的基本特点及参数。

TTL 的基本电路形式是与非门，74LS00 是一种四二输入的与非门，其内部有四个两输入端的与非门，其引脚图如图 1-36 所示。

在 LSTTL 电路内部，为了提高工作速度，利用了肖特基二极管的特性，组成了抗饱和型的肖特基晶体管，有效地减轻了晶体管的饱和深度，达到了提高工作速度的目的，这种技术称为抗饱和技术。

肖特基二极管是利用金属和半导体之间的接触势垒所构成的，其正向导通压降为 0.3 ~ 0.4V，且开关时间极短（小于普通开关二极管的十分之一）。肖特基二极管及晶体管符号如图 1-37 所示。

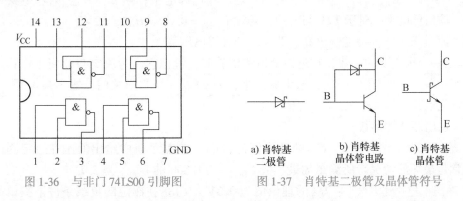

图 1-36　与非门 74LS00 引脚图　　　　图 1-37　肖特基二极管及晶体管符号

对于集成门电路，我们主要关心的是其外部特性和主要参数。TTL 与非门的外部特性主要体现在以下几个方面：

1）电压传输特性。TTL 与非门的电压传输特性，是指在空载的条件下，输入电压 u_i 与输出电压 u_o 之间的关系曲线，即

$$u_o = f(u_i)$$

测试 TTL 与非门的电压传输特性时，可将 TTL 与非门的一个输入端接输入信号 u_i，其余输入端接高电平。用电压表分别测量不同 u_i 下的 u_o 值，可得 TTL 与非门的实际电压传输特性，如图 1-38a 所示。图 1-38b 为 TTL 与非门的理想电压传输特性曲线。

从 TTL 与非门的电压传输特性上，可以定义以下几个重要参数：

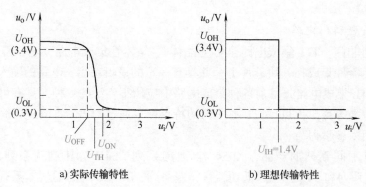

a) 实际传输特性   b) 理想传输特性

图 1-38   TTL 与非门电路的电压传输特性

① 输入端特性参数：

A. 关门电平 U_{OFF}：指输出电压下降到 U_{OHmin} 时对应的输入电压。

显然只要 $u_i < U_{OFF}$，输出 u_o 就是高电压，所以 U_{OFF} 就是输入低电压的最大值。从电压传输特性曲线上看，$U_{OFF} \approx 1.3V$。

B. 开门电平 U_{ON}：指输出电压 u_o 升高到 U_{OLmax} 时对应的输入电压。

显然只要 $u_i > U_{ON}$，u_o 就是低电压，所以 U_{ON} 就是输入高电压的最小值。从电压传输特性曲线上看，U_{ON} 略大于 1.3V。

由于环境的变化和制造中工艺的离散性，U_{OFF} 和 U_{ON} 不便于准确测量，因此，工厂给出的产品参数通常用"输入低电平最大值 U_{ILmax}"代替 U_{OFF}，用"输入高电平最小值 U_{IHmin}"代替 U_{ON}。当 $u_i < U_{ILmax}$ 时，电路处于关门状态，输出高电平；当 $u_i > U_{IHmin}$ 时，电路处于开门状态，输出低电平。对于 TTL 与非门，规定 $U_{ILmax} = 0.8V$，$U_{IHmin} = 2V$。

C. 阈值电压 U_{TH}：决定输出高、低电平的分界电压值。

U_{TH} 是一个很重要的参数，在近似分析和估算时，常把它作为决定与非门工作状态的关键值，即 $u_i > U_{TH}$，与非门开门，输出低电平；$u_i < U_{TH}$，与非门关门，输出高电平。U_{TH} 又常被形象化地称为门槛电压。U_{TH} 的值为 1.3~1.4V。

② 输出端特性参数：

A. 输出高电平电压 U_{OH}：U_{OH} 的理论值为 3.6V，产品手册中给出的是在一定测试条件下（通常是最坏的情况）所测量的最小值 U_{OHmin}。74LS00 的 U_{OHmin} 为 2.7V。

B. 输出低电平电压 U_{OL}：U_{OL} 的理论值为 0.3V，U_{OL} 是在额定的负载条件下测试的，应注意手册中的测试条件。手册中给出的通常是最大值。74LS00 的 $U_{OLmax} \leq 0.5V$。

③ 噪声容限 U_N：表示门电路在输入电压上允许叠加多大的噪声电压仍能正常工作，噪声容限又称抗干扰能力。

在数字系统中，即使有噪声电压叠加到输入信号的高、低电平上，只要噪声电压的幅度不超过允许的界限，就不会影响输出的逻辑状态。通常把这个界限称为噪声容限，电路的噪声容限越大，其抗干扰能力就越强。

由于输入低电平和高电平的抗干扰能力不同，因此有低电平噪声容限 U_{NL} 和高电平噪声容限 U_{NH} 之分。噪声容限越大，抗干扰能力越强。

当输入低电平时，虽有外来正向干扰，但输入信号的总值只要不超过 U_{OFF}，电路的关门状态就不会受到破坏，故 $U_{NL} = U_{OFF} - U_{IL}$。

当输入高电平时，虽有外来负向干扰，但输入信号的总值只要不低于 U_{ON}，电路的开门状态就不会受到破坏，故 $U_{NH} = U_{IH} - U_{ON}$。

2）输入端负载特性。输入电压 u_i 随输入端对地外接 R_I 变化的曲线，称为输入负载特性。

实际应用中经常会遇到输入端通过电阻 R_I 接地的情况，R_I 的变化会影响与非门的工作状态，如图 1-39 所示。

① 关门电阻 R_{OFF}：R_I 减小到使 u_i 下降到 U_{OFF} 时所对应的 R_I 值。

若 $R_I < R_{OFF}$，则输入端相当于接低电平，电路处于关门状态，输出高电平。

② 开门电阻 R_{ON}：R_I 增大到使 u_i 上升到 U_{ON} 时所对应的 R_I 值。

若 $R_I > R_{ON}$，则输入端相当于接高电平，电路处于开门状态，输出低电平。74LS00 的开门电阻 R_{ON} 约为 10kΩ，$R_{ON} > R_{OFF}$。

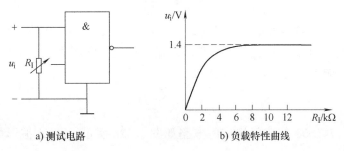

a) 测试电路　　　　　　　b) 负载特性曲线

图 1-39　TTL 与非门输入端负载特性

【例 1-27】　某温度控制电路如图 1-40 所示，R_t 为热敏电阻，求继电器 K 吸合的条件。

解： 开关 S 闭合时，门 D_2 输出低电平，晶体管 VT 截止，继电器 K 不吸合。

开关 S 断开时，门 D_1 的输出电平由热敏电阻 R_t 决定，当 $R_t \geq R_{ON}$ 时，门 D_1 处于开门状态，输出为低电平，门 D_2 输出为高电平，晶体管 VT 饱和，继电器 K 吸合。74LS00 的开门电阻 R_{ON} 约为 10kΩ，如果该热敏电阻为负温度系数，只有当温度降低到使热敏电阻 R_t 达到 10kΩ 以上时，继电器 K 才吸合。

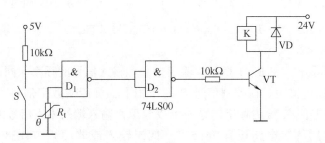

图 1-40　例 1-27 图

3）输出负载特性。TTL 与非门输出高电平时，带拉电流负载；输出低电平时，带灌电流负载。图 1-41 所示为 TTL 与非门输出高电平和低电平时的特性曲线。

由图 1-41a 可见，u_o 随 i_L 增大而下降。74LS00 输出为高电平时，允许的拉电流只有 400μA 左右，大于此值时，u_o 降低较快，可能会低于允许的标准高电平。设与非门输出高电平的最大允许电流为 I_{OHmax}，每个负载门输入高电平电流为 I_{IH}，则输出端外接拉电流负载

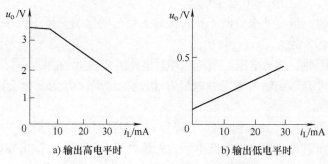

图 1-41 TTL 与非门的输出负载特性

的个数 N_{OH}（输出高电平扇出系数）为

$$N_{\text{OH}} = \frac{I_{\text{OHmax}}}{I_{\text{IH}}} \qquad (1\text{-}39)$$

由图 1-41b 可见，输出为低电平时允许的灌电流较大，74LS00 约为 8mA。设与非门输出低电平的最大允许电流为 I_{OLmax}，每个负载门输入低电平电流为 I_{IL}，则输出端外接灌电流负载的个数 N_{OL}（输出低电平扇出系数）为

$$N_{\text{OL}} = \frac{I_{\text{OLmax}}}{I_{\text{IL}}} \qquad (1\text{-}40)$$

【例 1-28】 74LS00 与非门构成的电路如图 1-42a 所示，A、B 波形如图 1-42b 所示，试画出其输出波形。

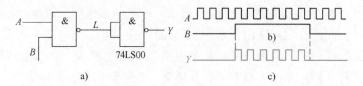

图 1-42 例 1-28 图

解：当 $B = 0$ 时，不论 A 为什么状态，$L = 1$，$Y = 0$，信号 A 不能通过。

当 $B = 1$ 时，$L = \overline{AB} = \overline{A \cdot 1} = \overline{A}$，$Y = \overline{L} = \overline{\overline{A}} = A$，信号 A 能通过。

输出波形如图 1-42c 所示。

由图 1-42 可以看出，在 $B = 1$ 期间，输出信号和输入信号的频率相同，所以该电路可作为数字频率计的受控传输门。在控制信号 B 的作用下，可传输数字信号。当控制信号 B 的脉宽为 1s 时，该与非门在 1s 内输出的脉冲个数等于 A 输入端的输入信号的频率 f。

74LS 系列中常用的门电路还有 74LS02（四二输入或非门）、74LS86（四二输入异或门）、74LS20（二四输入与非门）、74LS04（六反相器）等，使用时可查阅相关资料。

4）平均传输延迟时间。当与非门输入一个脉冲波形 u_i 时，其输出波形 u_o 要延迟一定时间，如图 1-43 所示。其中，从输入波形上升沿的中点到输出波形下降沿的中点所经历的时间称为导通延迟时间，用 t_{PHL} 表示；从输入波形下降沿的中点到输出波形上升沿的中点所经历的时间称为截止延迟时间，用 t_{PLH} 表示。与非门的传输延迟时间 t_{pd} 是 t_{PHL} 和 t_{PLH} 的平均值，即

$$t_{pd} = \frac{t_{PHL} + t_{PLH}}{2} \qquad (1-41)$$

一般 TTL 与非门的传输延迟时间为几纳秒至十几纳秒，74LS00 的 $t_{pd} = 9.5\text{ns}$。

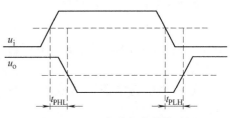

图 1-43 TTL 与非门的传输时间

（2）TTL 集电极开路输出门（OC 门）TTL 集电极开路输出门的输出晶体管和电源 V_{CC} 之间是开路的，又称 OC 门。使用时，需在输出端 Y 和 V_{CC} 之间外接一个负载电阻 R_L，如图 1-44a 所示为集电极开路与非门的逻辑符号，按图 1-44b 工作，就可实现与非关系，即 $Y = \overline{AB}$。

OC 门的主要应用在如下几个方面：

1）实现电平转换。一般 TTL 电路输出高电平为 3.4V，采用图 1-44b 所示电路，Y 输出高电平的值为 V_{CC}，因此，选用不同的电源电压 V_{CC}，可使输出 Y 的高电平能适应下一级电路对高电平的要求，从而实现电平转换。

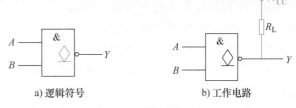

a）逻辑符号　　　　b）工作电路

图 1-44 集电极开路与非门

2）实现线与功能。几个一般的 TTL 门电路，输出端是不允许直接接在一起的，而几个 OC 门的输出端可以连在一起实现"线与"逻辑。如图 1-45 所示电路，则有

$$Y = Y_1 \cdot Y_2 = \overline{AB}\ \overline{CD} = \overline{AB + CD} \qquad (1-42)$$

3）驱动发光二极管。图 1-46 所示为用 OC 门驱动发光二极管的电路（注意需串联限流电阻）。该电路在输入 A、B 都为高电平时输出低电平，这时发光二极管发光，否则，输出高电平，发光二极管熄灭。OC 门还可以用来控制其他显示器件。

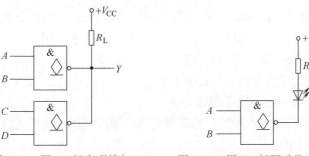

图 1-45 用 OC 门实现线与　　　图 1-46 用 OC 门驱动发光二极管

（3）TTL 三态输出门（TSL 门）　三态输出门是指能输出高电平、低电平和高阻态三种工作状态的门电路，是在普通门电路的基础上，附加使能控制端和控制电路构成的，其逻辑符号如图 1-47 所示。

在图 1-47a 中，A、B 为信号输入端，$\overline{EN}$ 为控制端，又称使能端。具体功能如下：

$\overline{EN} = 0$ 时，三态门处于正常工作状态，$Y = \overline{AB}$。

$\overline{EN} = 1$ 时，三态门处于高阻状态（或称禁止状态），这时从输出端 Y 看进去，对地和对

电源都相当于开路，呈现高阻。

图1-47b 所示为高电平有效的三态门，即 $EN=1$ 时为正常工作状态，$EN=0$ 时为高阻状态。

三态门常用的电路形式还有三态非门。

三态门在计算机总线结构中有着广泛的应用，用来实现用同一根数据总线传送几组不同的数据或控制信号，如图1-48 所示。图1-48 所示的电路中三个三态门的使能端为高电平有效，所以只要 EN_1、EN_2、EN_3 按时间顺序轮流出现高电平，那么，在同一时刻只有一个

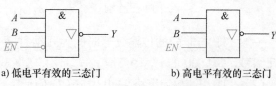

a) 低电平有效的三态门　　b) 高电平有效的三态门

图 1-47　三态与非门逻辑符号

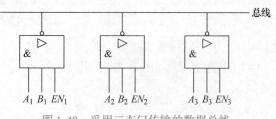

图 1-48　采用三态门传输的数据总线

三态门处于工作状态，其余三态门输出都为高阻状态，则三组输出信号就会轮流送到总线上。

为了保证任一时刻只有一个三态门传输数据，在控制信号装置中，要求从工作状态转为高阻状态的速度应高于从高阻状态转为工作状态的速度，否则，就可能有两个门同时处于工作状态的瞬间，这是不允许的。

（4）TTL 门电路使用的注意事项

1）输出端：

① 不允许直接并联使用（三态门和 OC 门除外）。

② 不能与地或电源直接相连。

③ 输出端的负载数不能超过其扇出系数。

2）对闲置输入端的处理：

① 对于与门和与非门的闲置输入端可接高电平，或门和或非门接低电平。

② 如果前级驱动能力允许，可将闲置端与有用输入端并联使用。

③ 外接干扰小时，与门和与非门的闲置输入端可悬空。

3）电源电压不能超出规定范围（1±5%）5V。

4）焊接时烙铁的功率一般不允许超过25W。

集电极开路门、三态门和 CMOS 门电路的特点可以通过扫描二维码进行学习。

2. CMOS 集成逻辑门电路

CMOS 集成逻辑门电路是继 TTL 之后发展起来的另一种应用广泛的数字集成电路。由于它功耗低，抗干扰能力强，工艺简单，几乎所有的大规模、超大规模数字集成器件都采用 CMOS 工艺。CMOS 电路是由 PMOS 管和 NMOS 管组成的互补电路，具有一系列不可比拟的优点，所以，就其发展趋势看，CMOS 电路有可能超越 TTL 成为占统治地位的逻辑器件。

常见的 CMOS 集成逻辑门电路主要有 4000 系列、74HC 系列、74HCT 系列、74AC 系列和74ACT 系列等。其中74HCT 系列与 TTL 器件的电压完全兼容，可直接替代使用。

（1）CMOS 反相器　MOS 管具有开关特性，在 CMOS 电路中只使用增强型 MOS 管。以

增强型 NMOS 为例，其开关等效电路如图 1-49 所示。

当 $u_i < U_{GS(TH)}$ 时，NMOS 管截止，$u_o = V_{DD}$，D、S 间相当于一个断开的开关，等效电路如图 1-49b 所示。

当 $u_i > U_{GS(TH)}$ 时，NMOS 管导通，$u_o \approx 0$，D、S 间相当于一个闭合的开关（$R_D \gg R_{ON}$），等效电路如图 1-49c 所示。

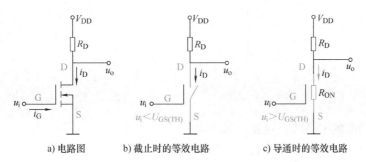

a) 电路图　　　　　b) 截止时的等效电路　　　　　c) 导通时的等效电路

图 1-49　NMOS 管的开关等效电路

MOS 管由导通转为截止或由截止转为导通都需要一定时间的延迟。

CMOS 反相器如图 1-50 所示，图中 CMOS 反相器的电源电压 V_{DD} 需大于两管的开启电压绝对值之和，即 $V_{DD} > |U_{GS(th)P}| + |U_{GS(th)N}|$，一般 $|U_{GS(th)P}| = |U_{GS(th)N}|$。

当输入为低电平时，VF_P 导通，VF_N 截止，输出 $u_o \approx V_{DD}$，即 u_o 为高电平。

当输入为高电平时，VF_N 导通，VF_P 截止，输出 $u_o \approx 0$，即 u_o 为低电平。

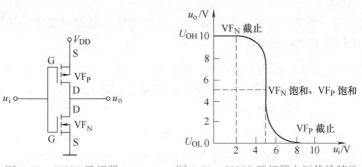

图 1-50　CMOS 反相器　　　　　图 1-51　CMOS 反相器电压传输特性

图 1-51 所示为 CMOS 反相器的电压传输特性。设 CMOS 反相器的电源电压 $V_{DD} = 10V$，两管的开启电压 $U_{GS(th)N} = |U_{GS(th)P}| = 2V$，则由图 1-51 可见，两管在 $u_i = V_{DD}/2$ 处转换状态，所以 CMOS 门的阈值电压为 $U_{TH} = V_{DD}/2$。

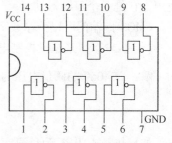

图 1-52　CD4069 引脚排列

CMOS 反相器中常用的有六反相器 CD4069，其内部由六个反相器单元电路构成，其引脚排列如图 1-52 所示。

常用的 CMOS 门电路的系列产品除反相器外，还有与非门如 CD4011（四二输入与非门）、CD4012（二四输入与非门），或非门如 CD4001（四二输入或非门）、CD4002（二四输入或非门），异或门如 CD4027（四二输入异或门）等。其中 CD4011、CD4001 和 CD4027 引脚排列相同，CD4012 和 CD4002 引脚排列相同，如图 1-53 和图 1-54 所示。

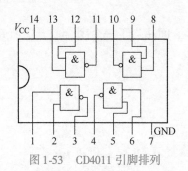

图 1-53　CD4011 引脚排列

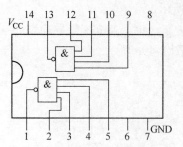

图 1-54　CD4012 引脚排列

（2）其他功能的 CMOS 门电路　按电路结构不同，CMOS 门电路也有区别于一般门电路的 CMOS 漏极开路门（OD 门）和 CMOS 三态门，使用方法和应用场合分别与 OC 门和 TTL 三态门相同。另外，在 CMOS 门电路中还有 CMOS 传输门，如图 1-55 所示。

设两管的开启电压 $U_{GS(th)N} = |U_{GS(th)P}| = 3V$。在控制端 C 和 $\overline{C}$ 加一对互补控制电压，

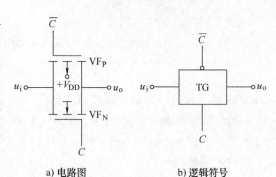

a）电路图　　　b）逻辑符号

图 1-55　CMOS 传输门

其高电平为 $V_{DD} = 9V$，低电平为0。输入信号 u_i 在 0～9V 的范围内变化，并将 VF_N 的衬底接低电平 0，VF_P 的衬底接高电平 V_{DD}。

当 C 接高电平 V_{DD}，$\overline{C}$ 接低电平 0V 时，若 $0 < u_i < 6V$，VF_N 导通；若 $6V < u_i < 9V$，VF_P 导通。即 u_i 在 0V～V_{DD} 的范围变化时，至少有一管导通，输出与输入之间呈低电阻，将输入电压传到输出端，$u_o = u_i$，相当于开关闭合。

当 C 接低电平 0V，$\overline{C}$ 接高电平 V_{DD} 时，u_i 在 0V～V_{DD} 的范围变化时，VF_N 和 VF_P 都截止，输出、输入呈高阻状态，输入电压不能传到输出端，相当于开关断开。

由于 VF_N 和 VF_P 漏极和源极可互相使用，因此，CMOS 传输门的输出和输入端也可互换使用，它是一个双向器件。

CMOS 传输门可以传输数字信号，也可以传输模拟信号。

【例1-29】　某温度控制电路如图 1-56 所示，R_t 为热敏电阻，求继电器 K 吸合的条件。

解：CD4069 的阈值电压为 $U_{TH} = \frac{1}{2}V_{DD} = 6V$，门 D_1 的输入电平为

$$u_{i1} = \frac{10}{10 + R_t} \times 12V$$

如果热敏电阻 R_t 为负温度系数，当温度升高到使热敏电阻 R_t 达到 10kΩ 以下时，满足 $u_i \geq U_{TH}$，门 D_1 输出为低电平，门 D_2 输出为高电平，晶体管饱和，继电器 K 吸合。

【例1-30】　电路如图 1-57a 所示，A、C 波形如图 1-57b 所示，试画出 Y 的波形。

解：当 $C = 0$ 时，$\overline{C} = 1$，CMOS 传输门关闭，$Y = 0$。当 $C = 1$ 时，$\overline{C} = 0$，CMOS 传输门打

开，$Y = A$。波形如图 1-57c 所示。

图 1-57a 所示电路又称为模拟开关。

（3）CMOS 集成逻辑门电路的主要参数

CMOS 集成逻辑门电路的主要参数如下：

1）输出高电平 U_{OH} 与输出低电平 U_{OL}：
理论上，$U_{OH} = V_{DD}$，$U_{OHmin} = 0.9V_{DD}$；$U_{OL} = 0$，$U_{OLmax} = 0.01V_{DD}$。

2）阈值电压 U_{TH}：$U_{TH} = V_{DD}/2$。

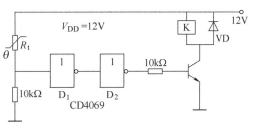

图 1-56 例 1-29 图

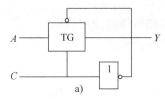 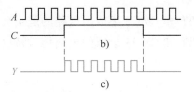

图 1-57 例 1-30 图

3）抗干扰容限：CMOS 反相器的 $U_{OFF} = 0.45V_{DD}$，$U_{ON} = 0.55V_{DD}$，其高、低电平噪声容限均达 $0.45V_{DD}$。其他 CMOS 门电路的噪声容限一般也大于 $0.3V_{DD}$，V_{DD} 越大，其抗干扰能力越强。

4）静态功耗：CMOS 门电路的静态功耗很小，一般小于 1mW/门。

5）传输延迟时间 t_{pd}：一般为几十纳秒/门，比 TTL 门电路（十几纳秒/门）高，但 74HC 系列工作速度已与 TTL 门相当。

6）扇出系数大：由于 CMOS 电路输出电阻比较小，故当连接线较短时，CMOS 电路的扇出系数在低频时可达到 50 以上。CMOS 电路的输入端直流电阻十分大，所以对上一级电路而言负载主要是电容性负载，由于 CMOS 输入端对地电容为几皮法，所以在高频重复脉冲情况下工作时，扇出系数就大为减少。

（4）CMOS 集成逻辑门电路的使用注意事项

1）输出端：

① 不允许直接与电源 V_{DD} 或与地相连。因为电路的输出级通常为 CMOS 反相器结构，这会使输出级的 NMOS 管和 PMOS 管可能因电流过大而损坏。

② 为提高电路的驱动能力，可将同一集成芯片上的电路的输入端、输出端并联使用。

③ 当 CMOS 电路输出端接大容量的负载电容时，需在输出端和电容之间串接一个限流电阻，以保证流过管子的电流不超过允许值。

2）对闲置输入端的处理：

① 对于与门和与非门的闲置输入端可接高电平，或门和或非门接低电平。

② 闲置输入端不宜与有用输入端并联使用，因为这样会增大输入电容，从而使电路的工作速度下降。

③ 闲置输入端不允许悬空。

3）4000 系列的电源电压可在 3～18V 范围内选择，HC 系列的电源电压可在 2～6V 范围内选用，HCT 系列的电源电压在 4.5~5.5V 范围内选用。

4）焊接时烙铁的功率一般不允许超过 25W，同时必须接地良好，必要时利用余热焊接。

模块 2　相关技能训练

1.4　集成门电路的测试

1. 训练目的

1）掌握 TTL 和 CMOS 集成门电路的逻辑功能和器件的使用规则。

2）学会 TTL 和 CMOS 集成门电路传输特性的测试方法。

2. 设备与元器件

5V 直流电源、逻辑电平开关、逻辑电平显示器、直流数字电压表、双踪示波器、连续脉冲源、CD4011、CD4001、CD4070、74LS00、电位器 RP（10kΩ）。

3. 电路原理

1）门电路的电压传输特性测试电路如图 1-58 所示，采用逐点测试法，即调节 RP，逐点测得 u_i 及 u_o，然后绘成曲线。

2）与非门、与门、或非门对脉冲有控制作用，即条件满足时门打开，脉冲信号可以传到输出端；条件不满足时门关闭，脉冲信号禁止通过门电路，输出低电平或高电平。测量与非门对脉冲的控制作用电路如图 1-59 所示。

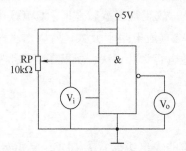

图 1-58　电压传输特性测试电路

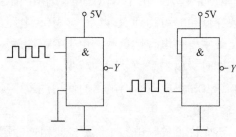

图 1-59　与非门对脉冲的控制作用

4. 训练内容与步骤

1）验证各门电路的逻辑功能，判断其好坏。验证与非门 CD4011、74LS00 及或非门 CD4001 的逻辑功能。

以 CD4011 为例：测试时，选好某一个 14P 插座，插入被测器件，选定一路与非门，如图 1-60 所示（CD4011 共有 4 路与非门，这里只画出其中一路），其输入端 A、B 接逻辑开关的输出插口，其输出端 Y 接至逻辑电平显示器的输入插口，拨动逻辑电平开关，逐个测试各门的逻辑功能，并记入表 1-16 中。

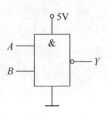

图 1-60　与非门逻辑功能测试

表 1-16

输	入	输		出	
A	B	Y_1	Y_2	Y_3	Y_4
0	0				
0	1				
1	0				
1	1				

2) 观察与非门、与门、或非门对脉冲的控制作用。选用与非门按图 1-59 所示接线，将一个输入端接连续脉冲源（频率为 20kHz），用示波器观察两种电路的输出波形并记录。

3) 分别测试 74LS00 和 CD4011 的传输特性。按图 1-58 接线，调节电位器 RP，使 u_i 从 0 向高电平变化，逐点测量 u_i 和 u_o 的对应值，记入表 1-17 中。

表 1-17

u_i/V	0	0.2	0.4	0.6	0.8	1.0	1.5	2.0	2.5	3.0	3.5	4.0	…
u_{o1}/V													
u_{o2}/V													

4) 按图 1-61 连接训练电路并测试，列出测试真值表，记入表 1-18 中。

表 1-18

A	B	C	Y_1	Y_2
0	0	0		
0	0	1		
0	1	0		
0	1	1		
1	0	0		
1	0	1		
1	1	0		
1	1	1		

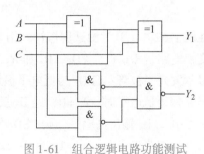

图 1-61 组合逻辑电路功能测试

5. 训练总结

1) 总结与非门、与门、或非门对脉冲的控制作用。

2) 根据表 1-17 的测试结果，绘出 74LS00 和 CD4011 的传输特性曲线并进行比较。

3) 写出训练总结报告。

模块 3 任务的实现

"纸上得来终觉浅，绝知此事要躬行。"知识的储备是为了应用，每一次任务的实施都是之前知识内容的厚积薄发，以知促行、以行求知。在每个任务中，通过"设计—仿真—安装调试"的工作过程，掌握电子产品的设计与制作过程，以实践验真知。

1.5 逻辑笔的设计与制作

1.5.1 逻辑笔电路的设计

逻辑笔也称逻辑检测探头，它是数字电路中检测各点逻辑状态的常用工具。数字电路中的逻辑状态一般分三种，即高电平"1"、低电平"0"和"高阻态"（悬空）。逻辑状态的测试结果可由发光二极管来显示，也可用发声器来提示，还可用数码管来显示。

逻辑笔是测量数字电路较简便的工具。使用逻辑笔可快速测量出数字电路中有故障的芯片。图1-62所示为利用六反相器CD4069与发光二极管组成的简易逻辑笔电路，它有两个用于指示逻辑状态的发光二极管，用于提供以下三种逻辑状态指示：

绿色发光二极管亮时，表示逻辑低电位。

红色发光二极管亮时，表示逻辑高电位。

如果红、绿两色发光二极管同时闪烁，则表示有脉冲信号存在。

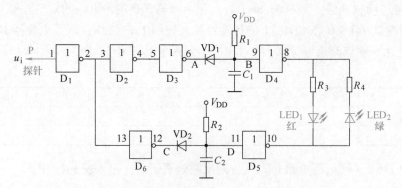

图1-62　用CD4069与发光二极管组成的逻辑笔电路

在图1-62中，P为测试用探针，用来输入测试点的逻辑信号u_i，D_1、D_2、D_3、D_6构成逻辑变换电路，R_1、C_1、VD_1、D_4和R_2、C_2、VD_2、D_5构成两个脉冲展宽电路，LED_1为高电平显示发光二极管，LED_2为低电平显示发光二极管，R_3、R_4为限流电阻。

当P探得低电平时，$u_i=0$，经D_1反相后再经D_2、D_3、D_4后仍输出为低电平，经D_1反相后再经D_6、D_5输出高电平，则LED_2发光，LED_1不发光，指示当前逻辑状态为低电平。

当P探得高电平时，$u_i=1$，经D_1反相后再经D_2、D_3、D_4后仍输出为高电平，经D_1反相后再经D_6、D_5输出低电平，则LED_1发光，LED_2不发光，指示当前逻辑状态为高电平。

当P探测到的是低频脉冲信号时，LED_1和LED_2交替发光。但随着脉冲信号频率的增加，LED_1和LED_2交替发光的速度也加快，致使人眼无法区分，此时所看到的将是LED_1和LED_2常亮。所以在电路中加入了脉冲展宽电路，即利用RC电路中电容两端电压不能突变的原理，把多个窄脉宽的输入脉冲变成一个宽脉冲输出。加入了脉冲展宽电路后，在测试高频脉冲时，LED_1和LED_2交替发光的速度可以降低到人眼能够区分的速度。

构成逻辑笔的电路有多种形式，在掌握其工作原理的基础上可根据掌握的知识设计出符合自己要求的逻辑笔。

1.5.2　逻辑笔电路的仿真

电路设计好后，用电子仿真软件Multisim 10进行仿真实验。

1）启动Multisim 10后，单击基本界面工具条上的Place CMOS按钮，弹出"选择元件"对话框，从"系列"栏中选择CMOS_5V，再从"元件"栏中选取4069BD_10V，如图1-63所示，然后单击"确定"按钮，分别将4069中的A、B、C、D、E、F六个反相器放到电子工作台上。

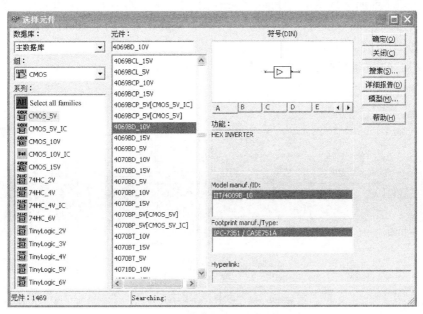

图 1-63　仿真软件中选择 CMOS 器件

2）单击基本界面工具条上的 Place Diodes 按钮，弹出"选择元件"对话框，从"系列"栏中选择 LED，再从"元件"栏中分别选取 LED_red、LED_green，如图 1-64 所示，然后单击"确定"按钮，将两只发光二极管放到电子工作台上；再从"系列"栏中选择 DIODE，从"元件"栏中分别选取 1N4148，然后单击"确定"按钮，将两只二极管放到电子工作台上。

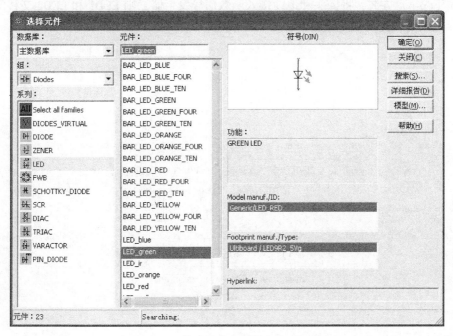

图 1-64　仿真软件中选择发光二极管

3）单击基本界面工具条上的 Place Source 按钮，从中调出电源线和地线；单击基本界面工具条上的 Place Basic 按钮，从中调出一个单刀双掷开关、两个100Ω电阻、两个1kΩ电阻和两个100μF电容。

4）按图1-62连接成仿真电路，如图1-65所示。

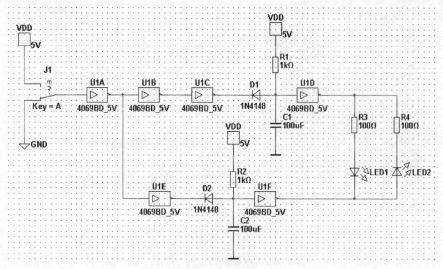

图1-65　逻辑笔仿真电路图

5）开启仿真开关进行仿真，将探头接低电平，绿色发光二极管发光，如图1-66所示；将探头接高电平，红色发光二极管发光，如图1-67所示；调出函数信号发生器，输入10Hz、6V（p-p）方波，将探头和地线接入函数信号发生器，则LED1和LED2交替发光。仿真结果符合逻辑笔的功能要求。

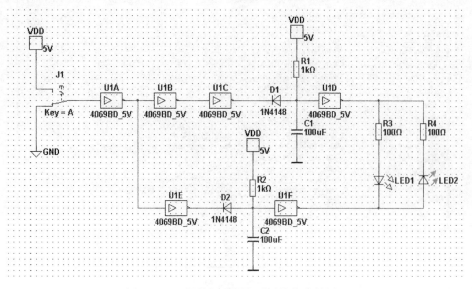

图1-66　逻辑笔测试低电平时的仿真结果

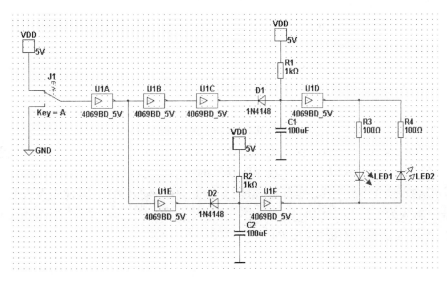

图 1-67 逻辑笔测试高电平时的仿真结果

1.5.3 元器件的选择与组装

图 1-62 中的反相器可以选用 CD4069（六反相器），其引脚排列如图 1-52 所示，用一个芯片即可；二极管 VD_1 和 VD_2 无特殊要求，可选用 1N4148；限流电阻取 $R_3 = R_4 = 100\Omega$；脉冲展宽电路中取 $R_1 = R_2 = 1k\Omega$，$C_1 = C_2 = 100\mu F$，电阻和电容取值不同，输出脉冲宽度不同；探针 P 可用万用表表笔代替；电路所需直流电源 V_{DD} 可取自测量电路，可用一对鳄鱼夹（或表笔）引出。

元器件选择好后即可在电路板上进行焊接，焊接完成核对无误后，即可进行通电测试，一般情况下，只要元器件焊接正确，无需调试即可成功。

习　题

1-1　选择题

（1）以下表达式中符合逻辑运算法则的是_____。

A. $C \cdot C = C^2$　　　　　B. $1 + 1 = 10$　　　　C. $0 < 1$　　　　D. $A + 1 = 1$

（2）逻辑变量的取值 1 和 0 可以表示_____。

A. 开关的闭合、断开　　B. 电位的高、低　　C. 真与假　　　　D. 电流的有、无

（3）当逻辑函数有 n 个变量时，共有_____个变量取值组合。

A. n　　　　　　　　B. $2n$　　　　　　　C. n^2　　　　　　D. 2^n

（4）逻辑函数的表示方法中具有唯一性的是_____。

A. 真值表　　　　　B. 表达式　　　　　C. 逻辑图　　　D. 卡诺图

（5）$A + BC = $ _____。

A. $A + B$　　　　　B. $A + C$　　　　　C. $(A + B)(A + C)$　　D. $B + C$

（6）$\overline{A} + 0 \cdot A + 1 \cdot \overline{A} = $ _____。

A. 0　　　　　　　　B. 1　　　　　　　C. A　　　　　　D. $\overline{A}$

（7）$A \oplus 1 = $ _____。

A. 0   B. 1   C . A D. $\overline{A}$

(8) 如果编码 0100 表示十进制数 4，则此码不可能是_____。

A. 8421BCD 码   B. 5211BCD 码   C. 2421BCD 码   D. 余 3 循环码

(9) 用 0111 表示十进制数 4，则此码为_____。

A. 余 3 码   B. 5421 码   C. 余 3 循环码   D. 循环码

(10) 在_____输入情况下，"与非"运算的结果是逻辑 0。

A. 全部输入是 0   B. 任一输入是 0   C. 仅一输入是 0   D. 全部输入是 1

(11) 在_____输入情况下，"或非"运算的结果是逻辑 0。

A. 全部输入是 0   B. 全部输入是 1   C. 任一输入为 0，其他输入为 1

D. 任一输入为 1

(12) 逻辑函数 $F = A \oplus (A \oplus B) =$ _____。

A. B B. A C. $A \oplus B$ D. $\overline{A \oplus B}$

(13) 晶体管作为开关使用时，要提高开关速度，可_____。

A. 降低饱和深度   B. 增加饱和深度

C. 采用有源泄放回路   D. 采用抗饱和晶体管

(14) TTL 电路在正逻辑系统中，以下各种输入中_____相当于输入逻辑 1。

A. 悬空   B. 通过 2.7kΩ 电阻接电源

C. 通过 10kΩ 电阻接地   D. 通过 510Ω 电阻接地

(15) 如果将 TTL 与非门作非门使用，则多余输入端的处理方法为_____。

A. 全部接高电平   B. 部分接高电平、部分接地

C. 全部接地   D. 全部悬空

(16) 若将一个 TTL 异或门（设输入端为 A、B）当作反相器使用，则_____。

A. A 或 B 中有一个接高电平 1   B. A 或 B 中有一个接低电平 0

C. A 和 B 并联使用   D. 不能实现

(17) CMOS 数字集成电路与 TTL 数字集成电路相比，突出的优点是_____。

A. 微功耗   B. 高速度   C. 高抗干扰能力   D. 电源范围宽

(18) 对 CMOS 门电路，以下说法正确的是_____。

A. 输入端悬空会造成逻辑出错

B. 输入端接 510kΩ 的大电阻到地相当于接高电平

C. 输入端接 510Ω 的小电阻到地相当于接低电平

D. 噪声容限与电源电压有关

(19) 下列各种门中，输入、输出端可互换使用的是_____。

A. 三态门   B. OC 门   C. CMOS 传输门   D. TTL 门

(20) 下列各种门中，输入信号可以是数字信号，也可以是模拟信号的是_____。

A. 三态门   B. OC 门   C. CMOS 传输门   D. TTL 门

(21) 图 1-68 所示电路中均为 CMOS 门，多余输入端接错的是_____。

(22) 设图 1-69 所示电路均为 CMOS 门电路，实现 $F = \overline{A} + B$ 功能的电路是_____。

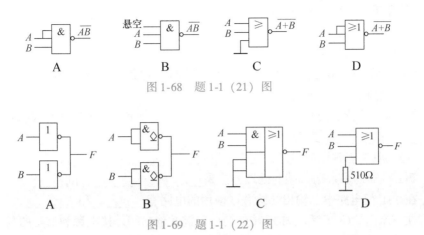

图 1-68 题 1-1 (21) 图

图 1-69 题 1-1 (22) 图

(23) 设图 1-70 所示电路均为 LSTTL 门电路，能实现 $F = \overline{A}$ 功能的电路是_____。

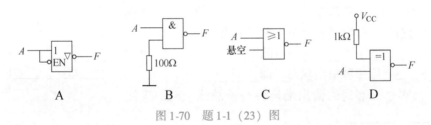

图 1-70 题 1-1 (23) 图

(24) 图 1-71 所示均为 TTL 门，能实现表达式要求的逻辑功能的电路是_____。

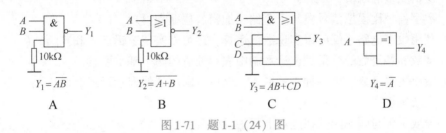

图 1-71 题 1-1 (24) 图

(25) 以下电路中常用于总线应用的有_____。

A. TSL 门   B. OC 门   C. 漏极开路门   D. CMOS 与非门

1-2 填空题

(1) A、B 两个输入变量中只要有一个为 "1"，输出就为 "1"，当 A、B 均为 "0" 时输出才为 "0"，则该逻辑运算称为_____运算。

(2) 布尔代数中有三种最基本运算：_____、_____和_____，在此基础上又派生出五种复合运算，分别为_____、_____、_____、_____和_____。

(3) 与运算的法则可概述为：有 "0" 出 0 、全 "1" 出 1；类似地，或运算的法则可概述为_____、_____。

(4) 与模拟信号相比，数字信号的特点是它的_____性。一个数字信号只有_____种取值，分别表示为_____和_____。

（5）二值逻辑中，变量的取值不表示＿＿＿＿＿＿＿，而是指＿＿＿＿＿＿。

（6）逻辑函数的常用表示方法有＿＿＿＿＿、＿＿＿＿＿、＿＿＿＿＿、＿＿＿＿＿、＿＿＿＿＿。

（7）有一数码 10010011，作为自然二进制数时，它相当于十进制数＿＿＿＿＿；作为 8421BCD 码时，它相当于十进制数＿＿＿＿＿＿。

（8）数字信号的特点是在＿＿＿＿＿上和＿＿＿＿＿上都是断续变化的，其高电平和低电平常用＿＿＿＿＿和＿＿＿＿＿来表示。

（9）三态门具有三种输出状态，它们分别是＿＿＿＿＿、＿＿＿＿＿和＿＿＿＿＿。

（10）TTL 或非门多余输入端的处理方法是＿＿＿＿＿、＿＿＿＿＿和＿＿＿＿＿。

（11）在 TTL 门电路中，输出端能并联使用的电路有＿＿＿＿＿和＿＿＿＿＿。

（12）在三态门、OC 门和 CMOS 传输门中，需在输出端外接电源和电阻的是＿＿＿＿＿。

（13）如图 1-72 所示，A、B 为某逻辑电路的输入波形，Y 为输出波形，则该逻辑电路为＿＿＿＿＿。

（14）当三态门的控制端＿＿＿＿＿时，三态门的输出端根据输入的状态可以有高电平和低电平两种状态。

（15）＿＿＿＿＿门和＿＿＿＿＿门除了"0"和"1"两种输出状态外，还有第三种输出状态，即＿＿＿＿＿态。

（16）当多个三态门的输出端连在一条总线上时，应注意＿＿＿＿＿＿＿＿＿＿＿＿。

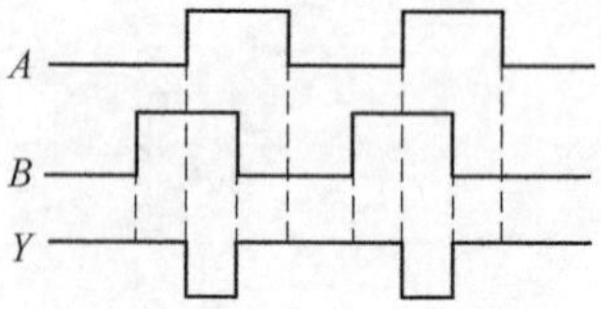

图 1-72 题 1-2（13）图

1-3 判断题

（1）逻辑变量的取值，1 比 0 大。（　　　）

（2）数字信号比模拟信号更易于存储、加密、压缩和再现。（　　　）

（3）利用数字电路不仅可以实现数值运算，还可以实现逻辑运算和判断。（　　　）

（4）基数和各位数的权是进位计数制中表示数值的两个基本要素。（　　　）

（5）给出逻辑函数的任一种表示形式，就可以求出其他表示形式。（　　　）

（6）在或运算中，$1 + 1 = 10$。（　　　）

（7）异或函数与同或函数在逻辑上互为反函数。（　　　）

（8）若两个函数具有不同的真值表，则两个逻辑函数必然不相等。（　　　）

（9）若两个函数具有不同的逻辑函数式，则两个逻辑函数必然不相等。（　　　）

（10）当奇数个 1 相异或时，其值为 0；当偶数个 1 相异或时，其值为 1。（　　　）

（11）TTL 与非门的多余输入端可以接固定高电平。（　　　）

（12）当 TTL 与非门的输入端悬空时相当于输入为逻辑 1。（　　　）

（13）当 CMOS 与非门的输入端悬空时相当于输入为逻辑 1。（　　　）

（14）逻辑门电路的输出端可以并联在一起，实现"线与"功能。（　　　）

（15）三态门的三种状态分别为：高电平、低电平、不高不低的电压。（　　　）

（16）CMOS OD 门（漏极开路门）的输出端可以直接相连，实现"线与"功能。（　　　）

（17）TTL OC 门(集电极开路门)的输出端可以直接相连,实现"线与"功能。（　　　）

（18）CMOS 或非门与 TTL 或非门的逻辑功能完全相同。（　　　）

（19）普通的逻辑门电路的输出端不可以并联在一起，否则可能会损坏器件。（　　）

（20）两输入端四与非门器件 74LS00 与 7400 的逻辑功能完全相同。（　　）

1-4　将下列十进制数转换为二进制、八进制、十六进制数。

　　　26　　45　　74　　129　　356　　538

1-5　将下列二进制数转换成八进制、十六进制数。

（1）$[10100101]_2 = [\qquad]_8 = [\qquad]_{16}$

（2）$[10101111]_2 = [\qquad]_8 = [\qquad]_{16}$

（3）$[11001110111]_2 = [\qquad]_8 = [\qquad]_{16}$

1-6　完成下列不同数制间的转换。

（1）$[154]_{10} = [\qquad]_2 = [\qquad]_8 = [\qquad]_{16}$

（2）$[101011]_2 = [\qquad]_{10} = [\qquad]_8 = [\qquad]_{16}$

（3）$[7E]_{16} = [\qquad]_{10} = [\qquad]_8 = [\qquad]_2$

1-7　将下列十进制数转换成 8421BCD 码。

　　　46　　127　　254　　893

1-8　逻辑函数 $Y_1 = AB + B\,\overline{C} + C\,\overline{A}$，$Y_2 = ABC + \overline{A}\,\overline{B}\,\overline{C}$，试分别用真值表、卡诺图和逻辑图表示。

1-9　写出下列函数的对偶式。

（1）$Y = \overline{\overline{A + \overline{B} + C}}$

（2）$Y = (\overline{A} + B)(B + C)(A + \overline{C})$

（3）$Y = \overline{A}\,B\,\overline{C} + \overline{A\,\overline{D}}$

1-10　写出下列函数的反函数。

（1）$Y = \overline{A}\,B + \overline{C}\,\overline{D}$

（2）$Y = A(B + C) + CD$

1-11　试画出下列逻辑函数表达式的逻辑图。

（1）$Y = AB + C\,\overline{D}$

（2）$Y = \overline{\overline{AB} + \overline{CD}}$

（3）$Y = A \oplus B + B\,\overline{\overline{C}}$

1-12　试写出图 1-73 所示各逻辑图输出 Y 的逻辑表达式。

1-13　证明下列各等式成立。

（1）$(A + B)(\overline{C} + D)(\overline{A} + B) = B\,\overline{C} + BD$

（2）$ABC + A\,\overline{B}\,C + AB\,\overline{C} = AB + AC$

（3）$\overline{A\,\overline{B} + \overline{A}\,C + B\,\overline{C}} = \overline{A}\,\overline{B}\,\overline{C} + ABC$

（4）$AB + BCD + \overline{A}\,C + \overline{B}\,C = AB + C$

1-14　试用逻辑代数法化简下列各逻辑函数。

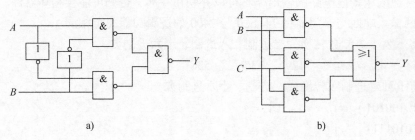

图 1-73 题 1-12 电路图

(1) $Y = AB(A + BC)$

(2) $Y = (AB + A\overline{B} + \overline{A}B)(A + B + D + \overline{A}\overline{B}\overline{D})$

(3) $Y = \overline{A}BC + (A + \overline{B})C$

(4) $Y = ABC\overline{D} + ABD + BC\overline{D} + ABC + BD + B\overline{C}$

(5) $Y = \overline{\overline{\overline{A} + \overline{B}} + \overline{\overline{A} + B} + \overline{AB} \cdot \overline{A}B}$

(6) $Y = (\overline{A} + \overline{B} + \overline{C})(B + \overline{B}C + \overline{C})(\overline{D} + DE + \overline{E})$

(7) $Y = \overline{\overline{A}BC(B + \overline{C})}$

(8) $Y = \overline{AB + \overline{A}\overline{B} + \overline{A}B + A\overline{B}}$

1-15 用卡诺图法化简下列函数，并写出最简与或表达式。

(1) $Y = \overline{A}\overline{B}\overline{C} + AB\overline{C} + \overline{A}B\overline{C} + A\overline{B}\overline{C}$

(2) $Y = A\overline{B}CD + AB\overline{C}D + A\overline{B} + A\overline{D} + A\overline{B}C$

(3) $Y = A\overline{B} + A\overline{C}\overline{D} + ABD + \overline{A}\overline{B}\overline{C}D$

(4) $Y(A, B, C, D) = \sum m(1, 4, 5, 6, 9, 11, 12, 14)$

(5) $Y(A, B, C, D) = \sum m(0, 1, 2, 3, 4, 5, 8, 10, 11, 12)$

(6) $Y(A, B, C, D) = \sum m(3, 6, 7, 9, 11, 13, 15)$

(7) $Y(A, B, C, D) = \sum m(0, 1, 2, 4, 5, 6, 12) + d(3, 8, 10, 11, 14)$

(8) $Y(A, B, C, D) = \sum m(0, 1, 2, 3, 6, 8) + d(10, 11, 12, 13, 14, 15)$

1-16 用卡诺图法化简下列具有约束条件的逻辑函数，其约束条件为 $AB + AC = 0$。

(1) $Y = \overline{A}\overline{D} + A\overline{B}\overline{C} + \overline{B}\overline{C}D + \overline{A}\overline{B}C$

(2) $Y(A, B, C, D) = \sum m(2, 3, 4, 5, 6, 7, 8)$

1-17 试根据逻辑函数 Y_1、Y_2 的真值表（见表 1-19），分别写出它们的与或表达式，并用卡诺图法将它们分别化成最简与或表达式。

表 1-19 题 1-17 真值表

A	B	C	Y_1	Y_2
0	0	0	0	1
0	0	1	0	1

（续）

A	B	C	Y_1	Y_2
0	1	0	0	0
0	1	1	1	1
1	0	0	0	1
1	0	1	1	0
1	1	0	1	1
1	1	1	1	0

1-18　图1-74所示电路中，图1-74a～c为LSTTL门电路，图1-74d～f为CMOS门电路，试指出各门的输出状态(高电平、低电平、高阻态)。

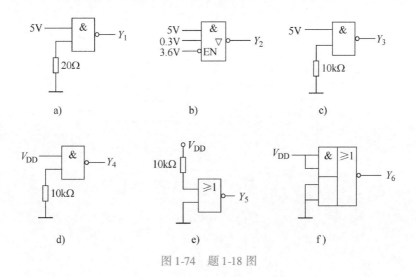

图1-74　题1-18图

1-19　写出图1-75所示各电路的输出函数表达式。

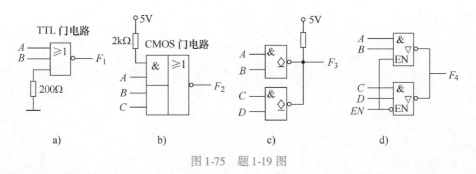

图1-75　题1-19图

1-20　试根据图1-76a～c所示的CMOS电路，写出 Y_1、Y_2、Y_3 的表达式，并根据图1-76d所示的波形画出输出波形。

1-21　分析图1-77所示电路的逻辑功能，写出电路输出函数 S 的逻辑表达式。

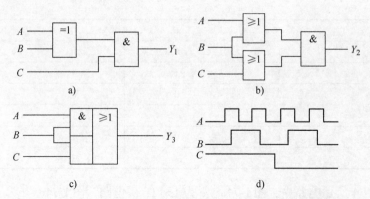

图 1-76　题 1-20 图

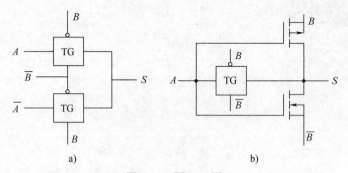

图 1-77　题 1-21 图

项目2

多功能数字钟的设计与制作

项目介绍： 数字钟是采用数字电路实现对时、分、秒进行数字显示的计时装置，具有走时准确、性能稳定、携带方便等优点。数字钟电路的基本组成包含了数字电路的主要组成部分，是组合逻辑电路与时序逻辑电路的综合应用。本项目要设计和制作的多功能数字钟，要求能直接显示时、分、秒十进制数字，具有校时功能，并且整点能仿广播电台自动报时，即报时声响四低一高，最后一响为整点。根据这一要求设计的数字钟由振荡器、分频器、译码显示电路、校时电路、整点报时电路和时、分、秒计数器等组成。任务2、任务3、任务4和任务5完成了各单元电路的设计和制作，帮助我们认识组合逻辑电路与时序逻辑电路，掌握数字电路的基本知识和技能；任务6完成了数字钟的整体制作。

任务2
数字钟译码显示与整点报时电路的设计与制作——认识组合逻辑电路

数字钟是采用数字电路实现对时、分、秒进行数字显示的计时装置，具有走时准确、性能稳定、携带方便等优点。本项目为设计和制作一个多功能数字钟，在任务2中主要完成数字钟的显示和整点报时功能。具体要求如下：

1）能直接显示数字钟的时、分、秒的十进制数字。

2）能够整点报时，即报时声响四低一高，最后一响为整点。

任务目标

1. 素质目标

1）自主学习能力的养成：在信息收集阶段，能够在教师引导下完成模块1中相关知识点的学习，并能举一反三。

2）职业审美的养成：在任务计划阶段，要总体考虑电路布局与连接规范，使电路美观实用。

3）职业意识的养成：在任务实施阶段，要首先具备健康管理能力，即注意安全用电和劳动保护，同时注重6S的养成和环境保护。

4）工匠精神的养成：专心专注、精益求精要贯穿任务完成始终，不惧失败。

5）社会能力的养成：小组成员间要做好分工协作，注重沟通和能力训练。

6）建立"文化自信"，引导建立"节约型"工作理念。

2. 知识目标

1）掌握组合逻辑电路的分析和设计方法。

2）掌握编码器的功能和应用。

3）掌握译码器的功能和应用。

4）掌握数据选择器的功能和应用。

5）掌握数据分配器的功能和应用。

6）掌握数值比较器的功能和应用。

7）掌握加法器的功能和应用。

8）掌握数码管的显示方法和应用。

3. 能力目标

1）熟悉集成译码器的逻辑功能和测试方法。

2）掌握中规模集成数据选择器的逻辑功能及使用方法。

3）学习用数据选择器构成组合逻辑电路的方法。

4）熟悉使用仿真软件 Multisim 10 进行电路的仿真运行和测试。

5）继续熟悉使用面包板搭建硬件电路，并能够使用仪器仪表进行电路的测试和调试。

模块 1 必 备 知 识

在日常生活、交通运输、工农业生产、科学研究以及国防建设中，都必须用钟表来计量和控制时间。我国是世界上发明钟表最早的国家，远在古代，人们根据日月星辰的移动，推测时间；根据风霜雨雪、花开花落的变化，分清四季。1090 年，北宋宰相苏颂主持建造水运仪象台，能报时打钟，近似于现代钟表的结构，可称为钟表的鼻祖；公元 1276 年，元朝郭守敬制出专门计时的机械钟表。而直到 1370 年，欧洲人才创造出类似上述的机械钟。20世纪，随着电子工业的迅速发展，电池驱动钟、指针式石英电子钟表、数字式石英电子钟表相继问世，钟表进入了微电子技术与精密机械相结合的石英化新时期。

数字电路根据逻辑功能的不同特点，可以分成两大类，一类称为组合逻辑电路（简称组合电路），另一类称为时序逻辑电路（简称时序电路）。

数字钟的译码显示电路是以十进制数字显示时、分、秒，要用到显示译码器等组合逻辑部件；整点报时电路主要是用门电路构成的组合逻辑电路去驱动扬声器发声。因此，对这两个单元电路的设计要用到组合逻辑电路的基本知识。

2.1 组合逻辑电路的分析与设计方法

数字电路中，如一个电路在任一时刻的输出状态只取决于该时刻输入状态的组合，而与电路原有状态没有关系，则该电路称为组合逻辑电路。它没有记忆功能，这是组合逻辑电路功能上的特点。

组合逻辑电路可以是多输入单输出的，也可以是多输入多输出的。只有一个输出量的称为单输出组合逻辑电路，有多个输出量的称为多输出组合逻辑电路。图 2-1 所示为组合逻辑电路的示意框图。

图 2-1 所示电路有 n 个输入变量 X_0、X_1、…、X_{n-1}，m 个输出变量 Y_0、Y_1、…、Y_{m-1}，它们之间的关系可用下面的一组逻辑表达式来描述：

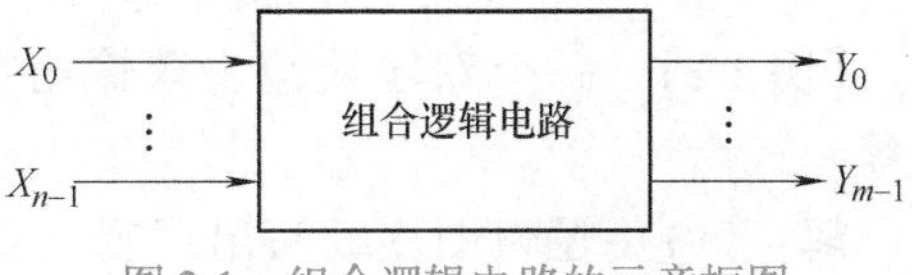

图 2-1 组合逻辑电路的示意框图

$$Y_0 = F_0(X_0, X_1, \cdots, X_{n-1})$$
$$Y_1 = F_1(X_0, X_1, \cdots, X_{n-1})$$
$$\vdots$$
$$Y_{m-1} = F_{m-1}(X_0, X_1, \cdots, X_{n-1})$$

在电路结构上，组合逻辑电路主要由门电路组成，没有记忆功能，只有从输入到输出的通路，没有从输出到输入的回路。组合逻辑电路的功能除了可以用逻辑函数表达式来描述外，还可以用真值表、卡诺图、逻辑图等方法进行描述。

2.1.1 组合逻辑电路的分析方法

组合逻辑电路的分析主要是根据给定的逻辑电路分析出电路的逻辑功能。组合逻辑电路的一般分析步骤如下：

1）根据逻辑图，由输入到输出逐级写出逻辑表达式。

2）将输出的逻辑表达式化简成最简与或表达式。

3）根据输出的最简与或表达式列出真值表。

4）根据真值表分析出电路的逻辑功能。

下面举例说明组合逻辑电路的分析方法。

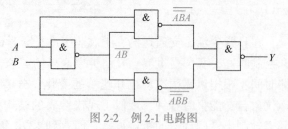

图 2-2　例 2-1 电路图

【例 2-1】　试分析图 2-2 所示逻辑电路的功能。

解：（1）由逻辑图逐级写出逻辑表达式并化简逻辑函数，由图 2-2 可得

$$Y = \overline{A\,\overline{AB} \cdot B\,\overline{AB}} = A\,\overline{AB} + B\,\overline{AB} = A(\overline{A} + \overline{B}) + B(\overline{A} + \overline{B})$$
$$= A\overline{B} + \overline{A}B = A \oplus B$$

（2）由表达式列出真值表，见表 2-1。

表 2-1　例 2-1 真值表

输入		输出
A	B	Y
0	0	0
0	1	1
1	0	1
1	1	0

（3）分析逻辑功能。由真值表可知，当变量 A、B 相同时，电路输出为 0，当变量 A、B 不同时，电路输出为 1，所以这个电路是一个异或门。

【例 2-2】　一个双输入端、双输出端的组合逻辑电路如图 2-3 所示，分析该电路的功能。

解：（1）由逻辑图逐级写出逻辑表达式并化简逻辑函数，由图 2-3 可得

$$S = \overline{\overline{Z_2} \cdot \overline{Z_3}} = \overline{Z_2} + \overline{Z_3} = A \cdot \overline{AB} + B \cdot \overline{AB}$$
$$= A(\overline{A} + \overline{B}) + B(\overline{A} + \overline{B})$$
$$= A\overline{B} + \overline{A}B = A \oplus B$$

$$C = \overline{Z_1} = AB$$

（2）由表达式列出真值表，见表 2-2。

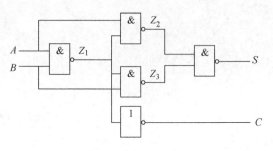

图 2-3　例 2-2 电路图

(3)分析逻辑功能。由真值表可知，A、B 都是 0 时，S 为 0，C 也为 0；当 A、B 有 1 个为 1 时，S 为 1，C 为 0；当 A、B 都是 1 时，S 为 0，C 为 1。这符合两个 1 位二进制数相加的原则，即 A、B 为两个加数，S 是它们的和，C 是向高位的进位。这种电路可用于实现两个 1 位二进制数的相加，实际上它是运算器中的基本单元电路，称为半加器。

表 2-2   例 2-2 真值表

输入		输出	
A	B	S	C
0	0	0	0
0	1	1	0
1	0	1	0
1	1	0	1

2.1.2   组合逻辑电路的设计方法

组合逻辑电路的设计，就是根据给定逻辑功能的要求，设计出实现这一要求的最简的组合电路。组合逻辑电路设计的一般方法是：

1）对给定的逻辑功能进行分析，确定出输入变量、输出变量以及它们之间的关系，并对输入和输出变量进行赋值，即确定什么情况下为逻辑 1 和逻辑 0，这是正确设计组合逻辑电路的关键。

2）根据给定的逻辑功能和确定的状态赋值列出真值表。

3）根据真值表写出逻辑表达式并化简，然后转换成命题所要求的逻辑表达式。

4）根据逻辑表达式，画出相应的逻辑电路图。

【例 2-3】   设计一个故障指示电路，要求的条件如下：两台电动机同时工作时，绿灯亮；其中一台发生故障时，黄灯亮；两台电动机都有故障时，则红灯亮。

解：(1)确定输入和输出变量。根据题意，该故障指示电路应有两个输入变量，三个输出变量；用变量 A、B 表示输入，变量为 1 时表示电动机有故障，为 0 时表示无故障；用变量 G、Y、R 表示输出，G 代表绿灯，Y 代表黄灯，R 代表红灯，输出变量为 1 代表灯亮，为 0 代表灯灭。

(2)根据逻辑功能列出真值表，见表 2-3。

表 2-3   例 2-3 真值表

输入		输出		
A	B	G	Y	R
0	0	1	0	0
0	1	0	1	0
1	0	0	1	0
1	1	0	0	1

(3)根据真值表写出输出变量的逻辑表达式为

$$G = \overline{A}\,\overline{B}$$

$$Y = A\overline{B} + \overline{A}B = A \oplus B$$

$$R = AB$$

(4)根据逻辑表达式可画出逻辑电路图，如图2-4所示。

【例2-4】 某董事会有一位董事长和三位董事进行表决，当满足以下条件时决议通过：有三人或三人以上同意，或者有两人同意，但其中一人必须是董事长。试用与非门设计满足上述要求的表决电路。

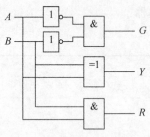

图2-4 例2-3的逻辑电路图

解：(1)确定输入和输出变量。用变量 A、B、C、D 表示输入，A 代表董事长，B、C、D 代表董事，1 表示同意，0 表示不同意；用 Y 表示输出，$Y=1$ 代表决议通过，$Y=0$ 代表不通过。

(2)根据逻辑功能列出真值表，见表2-4。

(3)根据真值表可画出 Y 的卡诺图，如图2-5所示，并根据卡诺图写出 Y 的最简与或表达式为

$$Y = AB + AC + AD + BCD$$

按题意要求转换成与非-与非表达式为

$$Y = \overline{\overline{AB} \cdot \overline{AC} \cdot \overline{AD} \cdot \overline{BCD}} \tag{2-1}$$

(4)根据式(2-1) 可画出逻辑电路图，如图2-6所示。

表2-4 例2-4真值表

输入				输出	输入				输出
A	B	C	D	Y	A	B	C	D	Y
0	0	0	0	0	1	0	0	0	0
0	0	0	1	0	1	0	0	1	1
0	0	1	0	0	1	0	1	0	1
0	0	1	1	0	1	0	1	1	1
0	1	0	0	0	1	1	0	0	1
0	1	0	1	0	1	1	0	1	1
0	1	1	0	0	1	1	1	0	1
0	1	1	1	1	1	1	1	1	1

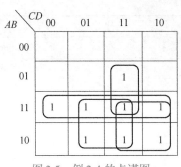

图2-5 例2-4的卡诺图

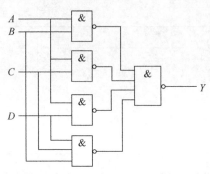

图2-6 例2-4的逻辑电路图

在组合电路中，每个门电路都可以实现一个单一功能，但多个门电路的功能加在一起，才能构成一套完整的逻辑，这就是个体与整体的辩证关系，要充分发挥个人在创新团队中的作用，在提高团队凝聚力和综合性创新能力的同时实现个人的创造力和核心力。

组合逻辑电路的品种很多，常用的有编码器、译码器、数据选择器、数据分配器、数值比较器、加法器等。由于这些组合逻辑电路应用广泛，因此有专用的中规模集成器件（MSI）。采用 MSI 实现逻辑函数不仅可以减小体积，而且可以大大提高电路的可靠性，使电路设计变得更为简单，下面介绍几种常用的组合逻辑电路。

2.2 编码器

把某种具有特定意义的输入信号（如字母、数字、符号等）编成相应的一组二进制代码的过程称为编码，能够实现编码的电路称为编码器。编码器的特点和使用可以通过扫描二维码进行简单了解，具体内容可结合下面内容学习。

2.2.1 二进制编码器

普通的二进制编码器有 2^n 个输入端和 n 个输出端，要求 2^n 个输入端中只能有一个为有效输入，输出为这个有效输入的 n 位二进制代码。以 3 位二进制编码器为例，其示意图如图 2-7 所示。

图 2-7 3 位二进制编码器示意图

3 位二进制编码器有 8 个输入端 $I_0 \sim I_7$ 和 3 个输出端 $A_2 \sim A_0$，因此常称为 8 线-3 线编码器。8 个输入中只能有 1 个为有效输入，用 1 表示，其余输入为 0。例如当 I_5 为 1，其余都为 0 时，输出 $A_2 A_1 A_0 = 101$。八种正常输入情况下的真值表见表2-5。

表 2-5 8 线-3 线编码器真值表

输入								输出		
I_0	I_1	I_2	I_3	I_4	I_5	I_6	I_7	A_2	A_1	A_0
1	0	0	0	0	0	0	0	0	0	0
0	1	0	0	0	0	0	0	0	0	1
0	0	1	0	0	0	0	0	0	1	0
0	0	0	1	0	0	0	0	0	1	1
0	0	0	0	1	0	0	0	1	0	0
0	0	0	0	0	1	0	0	1	0	1
0	0	0	0	0	0	1	0	1	1	0
0	0	0	0	0	0	0	1	1	1	1

由表 2-5 可写出编码器各个输出的逻辑表达式为

$$A_2 = I_4 + I_5 + I_6 + I_7$$
$$A_1 = I_2 + I_3 + I_6 + I_7$$
$$A_0 = I_1 + I_3 + I_5 + I_7$$

图 2-8 所示为用与非门实现的 3 位二进制编码器。

上面讨论的普通二进制编码器中，不允许同时有两个以上的有效编码信号同时输入，否则，编码器的输出将发生混乱。为解决这一问题，一般将编码器设计成优先编码器。

优先编码器允许同时输入两个以上的有效编码信号。当同时输入几个有效编码信号时，优先编码器能按预先设定的优先级别，只对其中优先级别最高的一个进行编码。

74LS148 是一种常用的 8 线-3 线优先编码器，其逻辑框图如图 2-9 所示，其中 $\bar{I}_0 \sim \bar{I}_7$ 为编码输入端，低电平有效。$\bar{A}_2 \sim \bar{A}_0$ 为编码输出端，也为低电平有效，即反码输出。74LS148 优先编码器真值表见表2-6。

74LS148 其他功能介绍如下：

1）$\overline{EI}$ 为使能输入端，低电平有效。

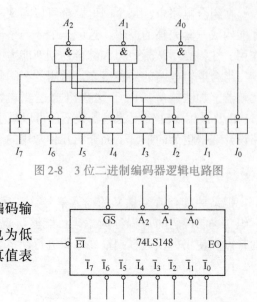

图 2-8　3 位二进制编码器逻辑电路图

图 2-9　74LS148 逻辑框图

表 2-6　74LS148 优先编码器真值表

输入									输出				
$\overline{EI}$	$\bar{I}_0$	$\bar{I}_1$	$\bar{I}_2$	$\bar{I}_3$	$\bar{I}_4$	$\bar{I}_5$	$\bar{I}_6$	$\bar{I}_7$	$\bar{A}_2$	$\bar{A}_1$	$\bar{A}_0$	$\overline{GS}$	EO
1	×	×	×	×	×	×	×	×	1	1	1	1	1
0	1	1	1	1	1	1	1	1	1	1	1	1	0
0	×	×	×	×	×	×	×	0	0	0	0	0	1
0	×	×	×	×	×	×	0	1	0	0	1	0	1
0	×	×	×	×	×	0	1	1	0	1	0	0	1
0	×	×	×	×	0	1	1	1	0	1	1	0	1
0	×	×	×	0	1	1	1	1	1	0	0	0	1
0	×	×	0	1	1	1	1	1	1	0	1	0	1
0	×	0	1	1	1	1	1	1	1	1	0	0	1
0	0	1	1	1	1	1	1	1	1	1	1	0	1

2）优先顺序为 $\bar{I}_7 \rightarrow \bar{I}_0$，即 $\bar{I}_7$ 的优先级最高，然后依次是 $\bar{I}_6$、$\bar{I}_5$、$\bar{I}_4$、$\bar{I}_3$、$\bar{I}_2$、$\bar{I}_1$、$\bar{I}_0$。

3）$\overline{GS}$ 为编码器的工作标志，低电平有效。

4）EO 为使能输出端，高电平有效。

采用 74LS148 不仅可以进行 8 线-3 线编码，而且可以扩展使用。图 2-10 是用两片 74LS148 组成的 16 线-4 线优先编码器。

16 个编码输入端，用 $\bar{X}_{15} \sim \bar{X}_0$ 表示，其中 $\bar{X}_{15} \sim \bar{X}_8$ 接到高位片 1 的输入端，$\bar{X}_7 \sim \bar{X}_0$ 接到低位片 0 的输入端；4 个编码输出端，用 $\bar{Y}_3 \sim \bar{Y}_0$ 表示，其中片 1 的 $\overline{GS}$ 端作为 $\bar{Y}_3$，两片的输出端 $\bar{A}_2 \sim \bar{A}_0$ 分别相与，作为 $\bar{Y}_2 \sim \bar{Y}_0$；片 1 的输入使能端 $\overline{EI}$ 作为总的输入使能端，在本电路中接 0，允许编码；片 0 的输出使能端 EO 作为总的输出使能端；片 1 的输出使能端 EO 接片

0 的输入使能端$\overline{EI}$，控制片 0 工作；两片的工作标志端$\overline{GS}$相与，作为总的$\overline{GS}$。

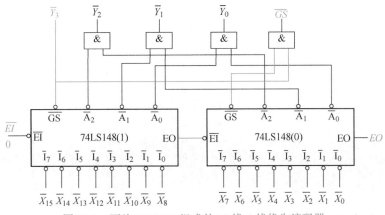

图 2-10　两片 74LS148 组成的 16 线-4 线优先编码器

电路的工作原理是：当片 1 有工作信号时，如$\overline{X}_{11}=0$，即片 1 的$\overline{I}_3=0$，则片 1 的输出为$\overline{A}_2\overline{A}_1\overline{A}_0=100$，且$\overline{GS}_1=0$，$EO_1=1$（即$\overline{EI}_0=1$），则片 0 处于禁止编码状态，输出为$\overline{A}_2\overline{A}_1\overline{A}_0=111$，所以编码器总的输出为$\overline{Y}_3\overline{Y}_2\overline{Y}_1\overline{Y}_0=0100$。当片 1 的输入端无编码信号，即$\overline{X}_{15}\sim\overline{X}_8$全为 1 时，片 1 的输出为$\overline{A}_2\overline{A}_1\overline{A}_0=111$，且$\overline{GS}_1=1$（即$\overline{Y}_3=1$），$EO_1=0$（即$\overline{EI}_0=0$），片 0 处于编码状态，设此时$\overline{X}_6=0$，则片 0 的输出为$\overline{A}_2\overline{A}_1\overline{A}_0=001$，总的输出为$\overline{Y}_3\overline{Y}_2\overline{Y}_1\overline{Y}_0=1001$。

2.2.2　二-十进制编码器

用4 位二进制代码对 0~9 中的一位十进制数码进行编码的电路，称为二-十进制编码器。即二-十进制编码器有 10 个输入端，每一个对应一个十进制数（0~9），有 4 个输出端，对应某一有效输入的 BCD 码，故又称为 10 线-4 线编码器。为防止输出混乱，二-十进制编码器通常都设计成优先编码器。

74LS147 是一种常用的 10 线-4 线 8421BCD 优先编码器，其逻辑框图如图 2-11 所示，其中$\overline{I}_1\sim\overline{I}_9$为编码输入端，低电平有效，优先顺序为$\overline{I}_9\rightarrow\overline{I}_1$。$\overline{A}_3\sim\overline{A}_0$为编码输出端，也为低电平有效，即反码输出。当$\overline{I}_1\sim\overline{I}_9$全为 1 时，代表输入的是十进制数 0。

图 2-11　74LS147 逻辑框图

图 2-12　CD40147 逻辑框图

CD40147 是一种常用 CMOS 系列的 10 线-4 线 8421BCD 优先编码器，其逻辑框图如图2-12所示，其中$I_0\sim I_9$为编码输入端，高电平有效，优先等级是从 9 到 0；$A_3\sim A_0$为 8421BCD 编码输出端，也为高电平有效，即原码输出。CD40147 优先编码器真值表见表 2-7。

表 2-7　CD40147 优先编码器真值表

输入										输出			
I_0	I_1	I_2	I_3	I_4	I_5	I_6	I_7	I_8	I_9	A_3	A_2	A_1	A_0
0	0	0	0	0	0	0	0	0	0	1	1	1	1
1	0	0	0	0	0	0	0	0	0	0	0	0	0
×	1	0	0	0	0	0	0	0	0	0	0	0	1
×	×	1	0	0	0	0	0	0	0	0	0	1	0
×	×	×	1	0	0	0	0	0	0	0	0	1	1
×	×	×	×	1	0	0	0	0	0	0	1	0	1
×	×	×	×	×	1	0	0	0	0	0	1	0	1
×	×	×	×	×	×	1	0	0	0	0	1	1	0
×	×	×	×	×	×	×	1	0	0	0	1	1	1
×	×	×	×	×	×	×	×	1	0	1	0	0	0
×	×	×	×	×	×	×	×	×	1	1	0	0	1

2.3　译码器

译码是编码的逆过程，即将具有特定意义的二进制代码转换成相应信号输出的过程称为译码。实现译码功能的电路称为译码器，译码器目前主要采用集成电路来构成。译码器的特点和使用可以通过扫描二维码进行简单了解，具体内容可结合下面内容学习。

2.3.1　二进制译码器

二进制译码器有 n 个输入信号和 2^n 个输出信号，常见的二进制译码器有 2 线-4 线译码器、3 线-8 线译码器、4 线-16 线译码器等。

1. 二进制译码器的工作原理

图 2-13 为 3 线-8 线译码器的示意图，3 个输入 A_2、A_1、A_0 端有 8 种输入状态的组合，分别对应着 8 个输出端。3 线-8 线译码器真值表见表 2-8。

图 2-13　3 线-8 线译码器的示意图

表 2-8　3 线-8 线译码器真值表

输入			输出							
A_2	A_1	A_0	Y_0	Y_1	Y_2	Y_3	Y_4	Y_5	Y_6	Y_7
0	0	0	1	0	0	0	0	0	0	0
0	0	1	0	1	0	0	0	0	0	0
0	1	0	0	0	1	0	0	0	0	0
0	1	1	0	0	0	1	0	0	0	0
1	0	0	0	0	0	0	1	0	0	0
1	0	1	0	0	0	0	0	1	0	0
1	1	0	0	0	0	0	0	0	1	0
1	1	1	0	0	0	0	0	0	0	1

根据表 2-8 可以得出这个译码器 8 个输出端的逻辑表达式为

$$Y_0 = \overline{A_2}\,\overline{A_1}\,\overline{A_0} \qquad Y_1 = \overline{A_2}\,\overline{A_1}A_0$$

$$Y_2 = \overline{A_2}A_1\overline{A_0} \qquad Y_3 = \overline{A_2}A_1A_0$$

$$Y_4 = A_2\overline{A_1}\,\overline{A_0} \qquad Y_5 = A_2\overline{A_1}A_0$$

$$Y_6 = A_2A_1\overline{A_0} \qquad Y_7 = A_2A_1A_0$$

即每一种输出都对应着一种输入状态的组合,所以二进制译码器也叫状态译码器。

根据逻辑表达式可以画出用门电路实现的 3 线-8 线译码器的逻辑电路图,如图 2-14 所示。

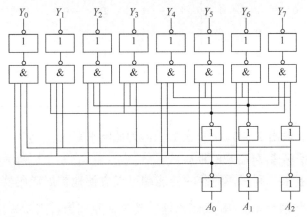

图 2-14 3 线-8 线译码器的逻辑电路图

2. 集成二进制译码器 74LS138

74LS138 是一种典型的集成 3 线-8 线译码器,其逻辑符号和引脚排列图如图 2-15 所示。

3 个输入端为 A_2、A_1、A_0,高电平有效;8 个输出端为 $\overline{Y_0} \sim \overline{Y_7}$,低电平有效;$G_1$、$\overline{G_{2A}}$ 和 $\overline{G_{2B}}$ 为使能输入端。

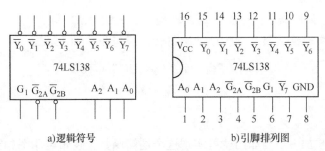

a)逻辑符号   b)引脚排列图

图 2-15 74LS138 的逻辑符号和引脚排列图

74LS138 的真值表见表 2-9。由真值表可知 74LS138 有如下主要功能:

1)当 $G_1 = 0$ 或 $\overline{G_{2A}}$、$\overline{G_{2B}}$ 中至少有一个是 1 时,输出 $\overline{Y_0} \sim \overline{Y_7}$ 都为高电平 1,它不受 A_2、A_1、A_0 输入信号控制,这时,译码器不工作。

2)当 $G_1 = 1$,同时 $\overline{G_{2A}} = \overline{G_{2B}} = 0$ 时,输出 $\overline{Y_0} \sim \overline{Y_7}$ 由 A_2、A_1、A_0 输入信号决定,译码器处于工作状态。

表2-9 3线-8线译码器74LS138真值表

输入						输出							
G_1	$\overline{G}_{2A}$	$\overline{G}_{2B}$	A_2	A_1	A_0	$\overline{Y}_0$	$\overline{Y}_1$	$\overline{Y}_2$	$\overline{Y}_3$	$\overline{Y}_4$	$\overline{Y}_5$	$\overline{Y}_6$	$\overline{Y}_7$
×	1	×	×	×	×	1	1	1	1	1	1	1	1
×	×	1	×	×	×	1	1	1	1	1	1	1	1
0	×	×	×	×	×	1	1	1	1	1	1	1	1
1	0	0	0	0	0	0	1	1	1	1	1	1	1
1	0	0	0	0	1	1	0	1	1	1	1	1	1
1	0	0	0	1	0	1	1	0	1	1	1	1	1
1	0	0	0	1	1	1	1	1	0	1	1	1	1
1	0	0	1	0	0	1	1	1	1	0	1	1	1
1	0	0	1	0	1	1	1	1	1	1	0	1	1
1	0	0	1	1	0	1	1	1	1	1	1	0	1
1	0	0	1	1	1	1	1	1	1	1	1	1	0

由表2-9可看出，输出$\overline{Y}_0 \sim \overline{Y}_7$为反函数，即为低电平有效。

3. 集成二进制译码器74LS138的应用

（1）74LS138的扩展　利用译码器的使能端可以方便地扩展译码器的容量。图2-16所示是将两片74LS138扩展为4线-16线译码器，其工作原理为：当$\overline{EI}=1$时，两个译码器都禁止工作，输出全1。当$\overline{EI}=0$时，译码器工作，这时如果$A_3=0$，高位片禁止，低位片工作，输出$\overline{Y}_0 \sim \overline{Y}_7$由输入代码$A_2A_1A_0$决定。这时，如果$A_3=1$，高位片工作，低位片禁止，输出$\overline{Y}_8 \sim \overline{Y}_{15}$由输入代码$A_2A_1A_0$决定，实现了4线-16线译码器功能。

（2）实现组合逻辑电路　由于译码器的每个输出端分别对应一个最小项，因此与门电路配合使用，可以实现任何组合函数。

【例2-5】　试用译码器和门电路实现逻辑函数$Y=AB+BC+AC$。

解：将逻辑函数转换成最小项表达式，再转换成与非-与非形式：

$$Y = \overline{A}BC + A\overline{B}C + AB\overline{C} + ABC$$
$$= Y_3 + Y_5 + Y_6 + Y_7$$
$$= \overline{\overline{Y}_3\overline{Y}_5\overline{Y}_6\overline{Y}_7}$$

用一片74LS138加一个与非门就可实现这个逻辑函数，逻辑电路图如图2-17所示。

2.3.2 二-十进制译码器

二-十进制译码器就是能把某种二-十进制代码（即BCD码）变换为相应的十进制数码的组合逻辑电路，也称为4线-10线译码器，也就是把代表四位二-十进制代码的四个输入信号变换成对应十进制数的十个输出信号中的某一个作为有效输出信号。

图2-18所示为4线-10线译码器74LS42的引脚排列图和逻辑符号。74LS42的真值表见表2-10。

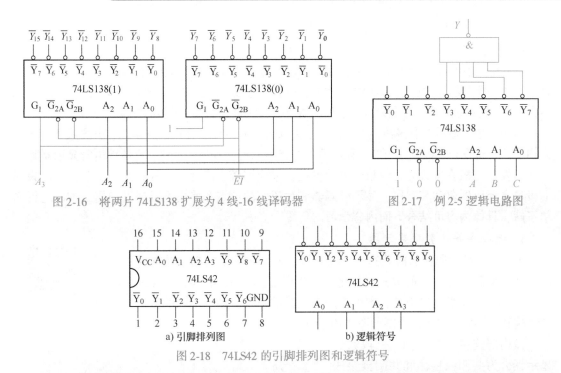

图 2-16　将两片 74LS138 扩展为 4 线-16 线译码器　　　图 2-17　例 2-5 逻辑电路图

图 2-18　74LS42 的引脚排列图和逻辑符号

a) 引脚排列图　　　b) 逻辑符号

由表 2-10 可见，输入 $A_3A_2A_1A_0$ 为 8421BCD 码，其中代码的前 10 种组合 0000 ~ 1001 为有效输入，表示 0 ~ 9 十个十进制数，而后 6 种组合 1010 ~ 1111 为无效输入（伪码）。当输入为伪码时，输出 $\overline{Y_0} \sim \overline{Y_9}$ 都为高电平 1，故能自动拒绝伪码输入。另外，74LS42 无使能端。

表 2-10　4 线-10 线译码器 74LS42 真值表

十进制数	输入				输出									
	A_3	A_2	A_1	A_0	$\overline{Y_0}$	$\overline{Y_1}$	$\overline{Y_2}$	$\overline{Y_3}$	$\overline{Y_4}$	$\overline{Y_5}$	$\overline{Y_6}$	$\overline{Y_7}$	$\overline{Y_8}$	$\overline{Y_9}$
0	0	0	0	0	0	1	1	1	1	1	1	1	1	1
1	0	0	0	1	1	0	1	1	1	1	1	1	1	1
2	0	0	1	0	1	1	0	1	1	1	1	1	1	1
3	0	0	1	1	1	1	1	0	1	1	1	1	1	1
4	0	1	0	0	1	1	1	1	0	1	1	1	1	1
5	0	1	0	1	1	1	1	1	1	0	1	1	1	1
6	0	1	1	0	1	1	1	1	1	1	0	1	1	1
7	0	1	1	1	1	1	1	1	1	1	1	0	1	1
8	1	0	0	0	1	1	1	1	1	1	1	1	0	1
9	1	0	0	1	1	1	1	1	1	1	1	1	1	0
无效输入	1	0	1	0	1	1	1	1	1	1	1	1	1	1
	1	0	1	1	1	1	1	1	1	1	1	1	1	1
	1	1	0	0	1	1	1	1	1	1	1	1	1	1
	1	1	0	1	1	1	1	1	1	1	1	1	1	1
	1	1	1	0	1	1	1	1	1	1	1	1	1	1
	1	1	1	1	1	1	1	1	1	1	1	1	1	1

2.3.3 显示译码器

在数字测量仪表和各种数字系统中，常常需要将数字、字母、符号等直观地显示出来，供人们读取或监视系统的工作情况。能够显示数字、字母或符号的器件称为数字显示器。而在数字电路中，数字量都是以一定的代码形式出现的，所以这些数字量要先经过译码，才能送到数字显示器去显示。这种能把数字量翻译成数字显示器所能识别的信号的译码器称为显示译码器。

常用的数字显示器有多种类型。按显示方式分，有字型重叠式、点阵式、分段式等；按发光物质分，有发光二极管（LED）显示器、荧光显示器、液晶显示器、气体放电管显示器等。

由发光二极管构成的七段数码显示器是目前应用较为广泛的一种数码显示器，可用集成七段显示译码器驱动其工作。显示译码器和数码管的特点和使用可以通过扫描二维码进行简单了解，具体内容可结合下面内容学习。

1. 七段半导体数码显示器

七段半导体数码显示器又称七段数码管，就是将 7 个发光二极管（加上小数点就是 8 个）按一定的方式排列起来，7 段 a、b、c、d、e、f、g（小数点 DP）各对应一个发光二极管，利用不同发光段的组合，显示不同的数码。其内部结构和不同发光段的组合图如图 2-19 所示。

按内部连接方式不同，七段数码显示器分为共阳极接法和共阴极接法两种。

BS201 就是一种共阴极七段数码管（还带有一个小数点），其管脚排列图和内部接线图如图 2-20 所示。

BS204 就是一种共阳极七段数码管（还带有一个小数点），其管脚排列图和内部接线图如图 2-21 所示。

半导体显示器的优点是工作电压

a) 显示器　　　　　　　b) 发光段组合图

图 2-19　七段半导体数码显示器及发光段组合图

低（1.3～3V），体积小，使用寿命长，工作可靠性高，响应速度快，颜色丰富（红、绿、橙、黄等）。缺点是工作电流大，每个字段的工作电流大约为 10mA。为防止发光二极管因过热而损坏，使用时通常串接一个限流电阻。

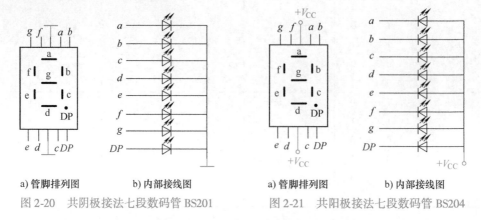

a) 管脚排列图　　　　　b) 内部接线图　　　　　　a) 管脚排列图　　　　　b) 内部接线图

图 2-20　共阴极接法七段数码管 BS201　　　图 2-21　共阳极接法七段数码管 BS204

2. 集成七段显示译码器

七段数码显示器是利用不同发光段的组合来显示不同的数字，因此，为了使数码管能将数码所代表的数显示出来，必须首先将数码译出，然后经驱动电路"点亮"对应的显示段。例如，对于8421BCD码的0101状态，对应的十进制数为5，用BS201实现时，对应的译码驱动器应使分段式数码管的a、c、d、f、g各段为高电平，而b、e两段为低电平。即对应某一数码，译码器应有确定的几个输出端有规定信号输出，这就是分段式数码管显示译码器电路的特点。

集成七段显示译码器74LS48是一种与共阴极数字显示器配合使用的集成译码器，它的功能是将输入的4位二进制代码转换成显示器所需要的七个段信号$a \sim g$。

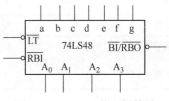

图2-22　74LS48的逻辑符号

74LS48的逻辑符号如图2-22所示，其真值表见表2-11。

从74LS48的真值表可以看出，当输入信号$A_3A_2A_1A_0$为0000 ~ 1001时，分别显示0 ~ 9数字信号；而当输入为1010 ~ 1110时，显示稳定的非数字信号；当输入为1111时，七个显示段全暗。从显示段出现非0 ~ 9数字符号或各段全暗，可以推出输入已出错，即可检查输入情况。

表 2-11　74LS48 的真值表

数字功能	输入						输入/输出	输出							显示字符
	$\overline{LT}$	$\overline{RBI}$	A_3	A_2	A_1	A_0	$\overline{BI/RBO}$	a	b	c	d	e	f	g	
0	1	1	0	0	0	0	1	1	1	1	1	1	1	0	
1	1	×	0	0	0	1	1	0	1	1	0	0	0	0	
2	1	×	0	0	1	0	1	1	1	0	1	1	0	1	
3	1	×	0	0	1	1	1	1	1	1	1	0	0	1	
4	1	×	0	1	0	0	1	0	1	1	0	0	1	1	
5	1	×	0	1	0	1	1	1	0	1	1	0	1	1	
6	1	×	0	1	1	0	1	1	0	1	1	1	1	1	
7	1	×	0	1	1	1	1	1	1	1	0	0	0	0	
8	1	×	1	0	0	0	1	1	1	1	1	1	1	1	
9	1	×	1	0	0	1	1	1	1	1	1	0	1	1	
10	1	×	1	0	1	0	1	0	0	0	1	1	0	1	
11	1	×	1	0	1	1	1	0	0	1	1	0	0	1	
12	1	×	1	1	0	0	1	0	1	0	0	0	1	1	

（续）

数字功能	输入						输入/输出	输出							显示字符
	$\overline{LT}$	$\overline{RBI}$	A_3	A_2	A_1	A_0	$\overline{BI}/\overline{RBO}$	a	b	c	d	e	f	g	
13	1	×	1	1	0	1	1	1	0	0	1	0	1	1	
14	1	×	1	1	1	0	1	0	0	0	1	1	1	1	
15	1	×	1	1	1	1	1	0	0	0	0	0	0	0	
灭灯	×	×	×	×	×	×	0	0	0	0	0	0	0	0	
灭零	1	0	0	0	0	0	0	0	0	0	0	0	0	0	
试灯	0	×	×	×	×	×	1	1	1	1	1	1	1	1	

74LS48 除基本输入端和基本输出端外，还有几个辅助输入输出端：试灯输入端$\overline{LT}$、灭零输入端$\overline{RBI}$、灭灯输入/灭零输出端$\overline{BI}/\overline{RBO}$。其中$\overline{BI}/\overline{RBO}$比较特殊，它既可以作输入用，也可以作输出用。具体说明如下：

（1）灭灯功能　只要将$\overline{BI}/\overline{RBO}$端作输入用，并输入 0，即$\overline{BI}=0$时，无论$\overline{LT}$、$\overline{RBI}$及$A_3A_2A_1A_0$状态如何，$a \sim g$ 均为 0，显示管熄灭。因此，灭灯输入端$\overline{BI}$可用作显示控制。例如，用一个间歇的脉冲信号来控制灭灯（消隐）输入端时，则要显示的数字将在数码管上间歇地闪亮。

（2）试灯功能　在$\overline{BI}/\overline{RBO}$作为输出端（不加输入信号）的前提下，当$\overline{LT}=0$时，不论$\overline{RBI}$、$A_3A_2A_1A_0$输入为什么状态，$\overline{BI}/\overline{RBO}$为 1，$a \sim g$ 全为 1，所有段全亮。可以利用试灯输入信号来测试数码管的好坏。

（3）灭零功能　在$\overline{BI}/\overline{RBO}$作为输出端（不加输入信号）的前提下，当$\overline{LT}=1$、$\overline{RBI}=0$时，若$A_3A_2A_1A_0$为 0000，$a \sim g$ 均为 0，实现灭零功能。与此同时，$\overline{BI}/\overline{RBO}$输出低电平，表示译码器处于灭零状态。而对非 0000 数码输入，则照常显示，$\overline{BI}/\overline{RBO}$输出高电平。因此，灭零输入用于输入数字零而又不需要显示零的场合。

$\overline{RBO}$与$\overline{RBI}$配合使用，可消去混合小数的前零和无用的尾零。例如要将 003.060 显示成 3.06，连接电路如图 2-23 所示。图中各片电路$\overline{LT}=1$，第一片电路$\overline{RBI}=0$，第一片的$\overline{RBO}$接第二片的$\overline{RBI}$，当第一片的输入 $A_3A_2A_1A_0=0000$ 时，灭零且$\overline{RBO}=0$，使第二片也有了灭零条件，只要片 2 输入零，数码管也可熄灭。片 6 的原理与此相同。片 3、片 4 的$\overline{RBI}=1$，不处于灭零状态，因此 3 与 6 中间的 0 得以显示。

由于 74LS48 内部已设 $2k\Omega$ 左右的限流电阻，所以图 2-23 中的共阴极数码管的共阴极端可以直接接地。如果还想减小 LED 的电流，则必须在 74LS48 的各输出端均串联一个限流电阻。对于共阴接法的数码管，还可以采用 CD4511 等七段锁存译码驱动器。

对于共阳接法的数码管，可以采用共阳字形译码器，如 74LS47 等，在相同的输入条件下，其输出电平与 74LS48 相反，但在共阳极数码管上显示的结果一样。

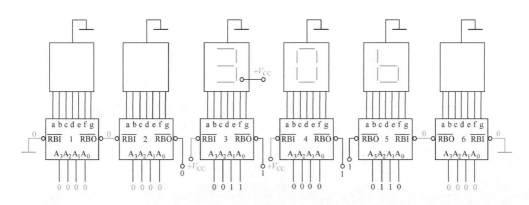

图 2-23　具有灭零控制的 6 位数码显示系统

2.4　数据选择器

数据选择器的特点可以通过扫描二维码进行简单了解，具体内容可结合下面内容学习。

2.4.1　数据选择器的功能及工作原理

数据选择器的作用是根据地址选择码从多路输入数据中选择一路，送到输出。它的作用类似于图 2-24 所示的单刀多掷开关。通过开关的转换（由地址选择信号控制），选择输入信号 D_0、D_1、$\cdots$、D_{2^n-1} 中的一个信号传送到输出端。

在数据选择器中，输出数据的选择是用地址信号控制的，如一个 4 选 1 的数据选择器需有两个地址信号输入端，它有 4 种不同的组合，每一种组合可选择对

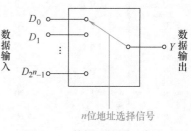

图 2-24　数据选择器示意图

应的一路数据输出。常用的数据选择器有 4 选 1、8 选 1 和 16 选 1 等多种类型。以 4 选 1 数据选择器为例，其输出信号为

$$Y = \overline{A_1}\,\overline{A_0}\,D_0 + \overline{A_1}\,A_0\,D_1 + A_1\,\overline{A_0}\,D_2 + A_1\,A_0\,D_3 \qquad (2\text{-}2)$$

对于地址输入信号的不同取值，Y 只能等于 $D_0 \sim D_3$ 中唯一的一个。例如 $A_1 A_0$ 为 00，则 D_0 信号被选通到 Y 端；$A_1 A_0$ 为 11 时，D_3 被选通。

如果有 3 个地址输入信号、8 个数据输入信号，就称为 8 选 1 数据选择器，或者 8 路数据选择器。

数据选择器和模拟开关的本质区别在于前者只能传输数字信号，而后者还可以传输单极性或双极性的模拟信号。

2.4.2　集成数据选择器

1. 集成 8 选 1 数据选择器 74LS151

74LS151 是一种有互补输出的集成 8 选 1 数据选择器，其引脚排列图和逻辑符号如图 2-25 所示。

$D_0 \sim D_7$ 是 8 个数据输入端，A_2、A_1、A_0 是 3 个地址输入端，Y 和 $\overline{Y}$ 是两个互补输出端；

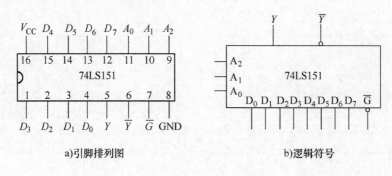

a)引脚排列图　　　　　　　　　　b)逻辑符号

图 2-25　74LS151 的引脚排列图和逻辑符号

另外，它还有一个低电平有效的使能输入端 $\overline{G}$。

74LS151 的功能表见表 2-12。

表 2-12　8 选 1 数据选择器 74LS151 功能表

输入					输出	
$\overline{G}$	A_2	A_1	A_0	D	Y	$\overline{Y}$
1	×	×	×	×	0	1
0	0	0	0	D_0	D_0	$\overline{D_0}$
0	0	0	1	D_1	D_1	$\overline{D_1}$
0	0	1	0	D_2	D_2	$\overline{D_2}$
0	0	1	1	D_3	D_3	$\overline{D_3}$
0	1	0	0	D_4	D_4	$\overline{D_4}$
0	1	0	1	D_5	D_5	$\overline{D_5}$
0	1	1	0	D_6	D_6	$\overline{D_6}$
0	1	1	1	D_7	D_7	$\overline{D_7}$

由表 2-12 可见，当 $\overline{G}=1$ 时，选择器不工作，$Y=0$，$\overline{Y}=1$。

当 $\overline{G}=0$ 时，选择器正常工作，其输出逻辑表达式为

$$Y = \overline{A_2}\,\overline{A_1}\,\overline{A_0}D_0 + \overline{A_2}\,\overline{A_1}\,A_0D_1 + \overline{A_2}\,A_1\,\overline{A_0}\,D_2 + \overline{A_2}\,A_1\,A_0D_3 +$$

$$A_2\overline{A_1}\,\overline{A_0}\,D_4 + A_2\,\overline{A_1}\,A_0D_5 + A_2A_1\,\overline{A_0}\,D_6 + A_2A_1A_0D_7 \tag{2-3}$$

对于地址输入信号的任何一种状态组合，都有一个输入数据被送到输出端。例如，当 $A_2A_1A_0 = 000$ 时，$Y = D_0$；当 $A_2A_1A_0 = 101$ 时，$Y = D_5$ 等。

2. 集成 4 选 1 数据选择器 74LS153

74LS153 是一种集成 4 选 1 数据选择器，其引脚排列图和逻辑符号如图 2-26 所示。一个芯片上集成了两个 4 选 1 数据选择器，每个数据选择器有 4 个数据输入端 $D_0 \sim D_3$，2 个地址输入端 A_1、A_0，1 个输出端 Y；另外，它还有一个低电平有效的使能输入端 $\overline{G}$。

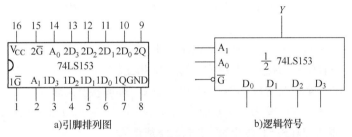

a)引脚排列图　　　　　b)逻辑符号

图 2-26　74LS153 的引脚排列图和逻辑符号

74LS153 的功能表见表 2-13。

表 2-13　4 选 1 数据选择器 74LS153 功能表

输入				输出
$\overline{G}$	A_1	A_0	D	Y
1	×	×	×	0
0	0	0	D_0	D_0
0	0	1	D_1	D_1
0	1	0	D_2	D_2
0	1	1	D_3	D_3

当 $\overline{G}=1$ 时，选择器不工作，$Y=0$；当 $\overline{G}=0$ 时，选择器正常工作，其输出逻辑表达式见式(2-2)。

3. 集成数据选择器的应用

集成数据选择器的应用广泛，常见的有以下几种。

（1）构成无触点切换电路　图 2-27 所示是数据选择器的一个典型应用电路。该电路是由数据选择器 74LS153 构成的无触点切换电路，用于切换四种频率的输入信号。四路信号由 $D_0 \sim D_3$ 输入，Y 端的输出由 A、B 端来控制。例如，当 $AB=11$ 时，D_3 被选中，$f_3=3\text{kHz}$ 的方波信号由 Y 端输出；当 $AB=10$ 时，$f_2=1\text{kHz}$ 的信号被送到 Y 端。

（2）实现组合逻辑电路　数据选择器除了能在多路数据中选择一路数据输出外，还能有效地实现组合逻辑函数，作为这种用途的数据选择器又称逻辑函数发生器。数据选择器实现组合逻辑电路的方法可以通过扫描二维码进行简单了解，并结合例题学习。

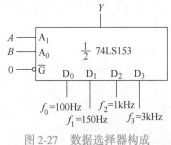

图 2-27　数据选择器构成的无触点切换电路

【例 2-6】　用 8 选 1 数据选择器 74LS151 实现逻辑函数 $Y=A\,\overline{C}+BC+A\,\overline{B}$。

解：把函数 Y 变换成最小项表达式：

$$Y = A\,\overline{C}(B+\overline{B}) + BC(A+\overline{A}) + A\,\overline{B}(C+\overline{C})$$
$$= AB\overline{C} + A\,\overline{B}\,\overline{C} + ABC + \overline{A}BC + A\,\overline{B}\,C + A\,\overline{B}\,\overline{C}$$

$$= \bar{A}BC + A\bar{B}\bar{C} + A\bar{B}C + AB\bar{C} + ABC$$

$$= m_3 + m_4 + m_5 + m_6 + m_7 \tag{2-4}$$

将输入变量接至数据选择器的地址输入端,即 $A_2 = A$, $A_1 = B$, $A_0 = C$,将 Y 式的最小项表达式式(2-4)与74LS151的输出表达式式(2-3)相比较,Y 式中出现的最小项对应的数据输入端应接1,Y 式中没出现的最小项对应的数据输入端应接0,即

$$D_0 = D_1 = D_2 = 0 \quad D_3 = D_4 = D_5 = D_6 = D_7 = 1$$

8选1数据选择器74LS151按上面的方法分别使数据输入端置1或置0后,随着地址信号的变化,输出端就产生所需要的函数,连接电路如图2-28所示。

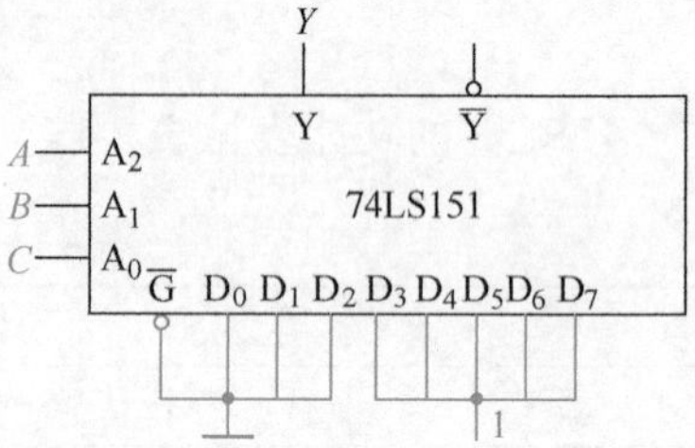

【例2-7】 用4选1数据选择器74LS153实现逻辑函数 $Y = AB + BC + AC$。

解:函数 Y 有三个输入变量 A、B、C,而4选1数据选择器仅有两个地址输入端 A_1 和 A_0,所以选 A、B 接到地址端,即 $A = A_1$、$B = A_0$,C 接到相应的数据端。

图2-28 例2-6逻辑图

将逻辑函数转换成每一项都含有 A、B 的表达式为

$$Y = AB + BC + AC = AB + \bar{A}BC + A\bar{B}C \tag{2-5}$$

式(2-5)与74LS153的输出表达式式(2-2)相比较可得

$$D_0 = 0 \quad D_1 = C \quad D_2 = C \quad D_3 = 1$$

连接电路如图2-29所示。

(3)数据选择器的扩展应用 实际应用中,有时需要获得更大规模的数据选择器,这时可进行通道扩展。图2-30所示是用两片8选1数据选择器74LS151和3个门电路组成的16选1的数据选择器。

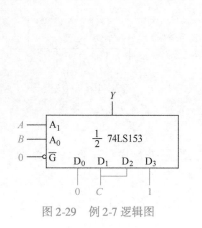

图2-29 例2-7逻辑图

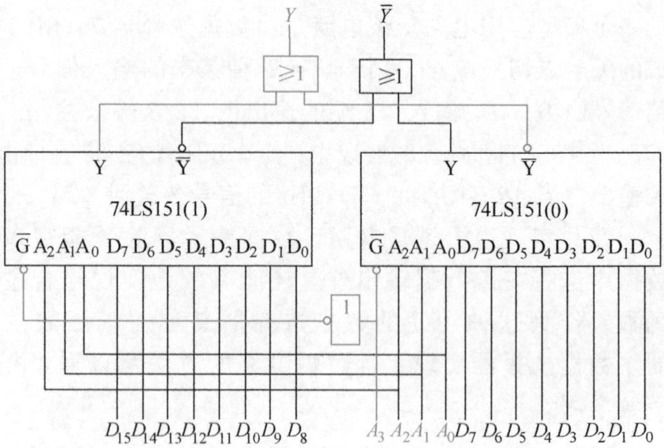

图2-30 两片74LS151组成的16选1数据选择器的逻辑图

2.5 数据分配器

数据分配器能根据地址信号将一路输入数据按需要分配给某一个对应的输出端,它的操

作过程是数据选择器的逆过程。它有一个数据输入端、多个数据输出端和相应的地址控制端（或称地址输入端），其功能相当于一个波段开关，如图2-31所示。

应当注意的是，厂家并不生产专门的数据分配器，数据分配器实际上是译码器（分段显示译码器除外）的一种特殊应用。作为数据分配器使用的译码器必须具有"使能"端，其"使能"端作为数据输入端使用，译码器的输入端作为地址输入端，其输出端则作为数据分配器的输出端。图2-32是由译码器3线-8线74LS138构成的8路数据分配器。

图2-32中，$G_1 = 1$，$\overline{G_{2A}} = 0$，$\overline{G_{2B}} = D$作为数据输入端，A_2、A_1、A_0为地址输入信号，$Y_0 \sim Y_7$为输出端，分别接74LS138的$\overline{Y_0} \sim \overline{Y_7}$端。当$D = 0$时，译码器译码，与地址输入信号对应的输出端为0，等于D；当$D = 1$时，译码器不译码，所有输出全为1，与地址输入信号对应的输出端也为1，也等于D。所以，不论什么情况，与地址输入信号对应的输出端都等于D。例如，当$A_2 A_1 A_0 = 110$时，$Y_6 = D$。8路数据分配器真值表见表2-14。

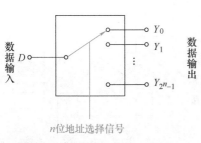

图2-31　数据分配器示意图

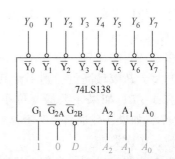

图2-32　74LS138构成的8路数据分配器

表2-14　8路数据分配器真值表

地址输入			数据输入	输出							
A_2	A_1	A_0	D	Y_0	Y_1	Y_2	Y_3	Y_4	Y_5	Y_6	Y_7
0	0	0	D	D	1	1	1	1	1	1	1
0	0	1	D	1	D	1	1	1	1	1	1
0	1	0	D	1	1	D	1	1	1	1	1
0	1	1	D	1	1	1	D	1	1	1	1
1	0	0	D	1	1	1	1	D	1	1	1
1	0	1	D	1	1	1	1	1	D	1	1
1	1	0	D	1	1	1	1	1	1	D	1
1	1	1	D	1	1	1	1	1	1	1	D

2.6　数值比较器

用以对两个位数相同的二进制整数进行数值比较并判定其大小关系的电路称为数值比较器。

2.6.1　1位数值比较器

1位数值比较器的功能是比较两个1位二进制数A和B的大小，比较结果有三种情况，即$A > B$、$A < B$、$A = B$。1位数值比较器真值表见表2-15。

表 2-15 1 位数值比较器真值表

输入		输出		
A	B	$F_{A>B}$	$F_{A<B}$	$F_{A=B}$
0	0	0	0	1
0	1	0	1	0
1	0	1	0	0
1	1	0	0	1

由真值表 2-15 可得

$$F_{A>B} = A\,\overline{B}$$

$$F_{A<B} = \overline{A}\,B$$

$$F_{A=B} = AB + \overline{A}\,\overline{B} = A \odot B = \overline{A \oplus B} = \overline{A\,\overline{B} + \overline{A}\,B} \tag{2-6}$$

可以用逻辑门电路来实现，如图 2-33 所示。

2.6.2 多位数值比较器

对于多位数码的比较，应先比较最高位。如果 A 数最高位大于 B 数最高位，则不论其他各位情况如何，必有 $A > B$；如果 A 数最高位小于 B 数最高位，则 $A < B$；如果 A 数最高位等于 B 数最高位，再比较次高位，依次类推。

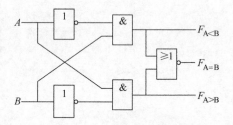

图 2-33 1 位数值比较器逻辑图

下面以 2 位数值比较器为例讨论其结构及工作原理。2 位数值比较器的真值表见表 2-16。

表 2-16 2 位数值比较器的真值表

数值输入				级联输入			输出		
A_1	B_1	A_0	B_0	$I_{A>B}$	$I_{A<B}$	$I_{A=B}$	$F_{A>B}$	$F_{A<B}$	$F_{A=B}$
$A_1 > B_1$		×	×	×	×	×	1	0	0
$A_1 < B_1$		×	×	×	×	×	0	1	0
$A_1 = B_1$		$A_0 > B_0$		×	×	×	1	0	0
$A_1 = B_1$		$A_0 < B_0$		×	×	×	0	1	0
$A_1 = B_1$		$A_0 = B_0$		1	0	0	1	0	0
$A_1 = B_1$		$A_0 = B_0$		0	1	0	0	1	0
$A_1 = B_1$		$A_0 = B_0$		0	0	1	0	0	1

由表 2-16 可写出逻辑表达式为

$$F_{A>B} = A_1\,\overline{B_1} + (A_1 \odot B_1)A_0\,\overline{B_0} + (A_1 \odot B_1)(A_0 \odot B_0) \cdot I_{A>B}$$

$$F_{A<B} = \overline{A_1}\,B_1 + (A_1 \odot B_1)\overline{A_0}\,B_0 + (A_1 \odot B_1)(A_0 \odot B_0) \cdot I_{A<B}$$

$$F_{A=B} = (A_1 \odot B_1)(A_0 \odot B_0) \cdot I_{A=B} \tag{2-7}$$

根据表达式可画出逻辑图，如图 2-34 所示。

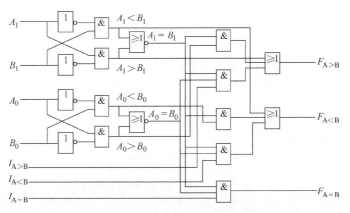

图2-34　2位数值比较器逻辑图

图2-34中用了两个1位数值比较器，A_1、B_1和A_0、B_0分别比较，并将比较结果作为中间变量，这样逻辑关系比较明确。

2.6.3　集成数值比较器

74LS85是典型的集成4位二进制数值比较器，其电路原理与2位二进制数值比较器一样，其逻辑功能示意图如图2-35所示。

用74LS85比较两个4位二进制数时，将三个级联输入端设置为$I_{A>B}=0$、$I_{A<B}=0$、$I_{A=B}=1$。当用于比较两个少于4位的二进制数时，高位多余输入端同时接1或0。

用两片74LS85可以组成一个8位数值比较器，电路如图2-36所示。将低位片的输出$F_{A>B}$、$F_{A<B}$、$F_{A=B}$分别接到高位片的$I_{A>B}$、

图2-35　74LS85逻辑功能示意图

$I_{A<B}$、$I_{A=B}$，两个二进制数的高4位$A_7A_6A_5A_4$和$B_7B_6B_5B_4$接到高位片74LS85（2）的数据输入端，两个二进制数的低4位$A_3A_2A_1A_0$和$B_3B_2B_1B_0$接到低位片74LS85（1）的数据输入端。

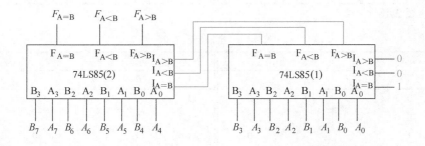

图2-36　两片74LS85组成的8位数值比较器

2.7　加法器

算术运算电路是数字系统和计算机中不可缺少的单元电路，最常用的是加法器，加法器

按功能可分为半加器和全加器。

2.7.1 半加器

能够完成两个1位二进制数 A 和 B 相加的组合逻辑电路称为半加器。根据两个1位二进制数 A 和 B 相加的运算规律可得半加器真值表，见表2-17。

表2-17 半加器真值表

输入		输出	
A	B	S	C
0	0	0	0
0	1	1	0
1	0	1	0
1	1	0	1

表2-17 中，A 和 B 分别表示加数和被加数，S 表示本位和输出，C 表示向相邻高位的进位输出。由真值表可得半加和 S 和进位 C 的表达式

$$S = A\overline{B} + \overline{A}B = A \oplus B$$
$$C = AB$$

(2-8)

图2-37 是用异或门和与门组成的半加器的逻辑图，图2-38 是半加器的逻辑符号。

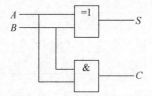

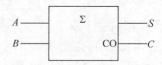

图2-37 异或门和与门组成的半加器逻辑图　　图2-38 半加器的逻辑符号

2.7.2 全加器

在多位数加法运算时，除最低位外，其他各位都需要考虑低位送来的进位，这时要用到全加器。所谓全加，是指两个多位二进制数相加时，第 i 位的被加数 A_i 和加数 B_i 以及来自相邻低位的进位数 C_{i-1} 三者相加，其结果得到本位和 S_i 及向相邻高位的进位数 C_i。全加器的真值表见表2-18。

表2-18 全加器真值表

输入			输出		输入			输出	
A_i	B_i	C_{i-1}	S_i	C_i	A_i	B_i	C_{i-1}	S_i	C_i
0	0	0	0	0	1	0	0	1	0
0	0	1	1	0	1	0	1	0	1
0	1	0	1	0	1	1	0	0	1
0	1	1	0	1	1	1	1	1	1

由真值表可得本位和 S_i 和进位 C_i 的表达式为

$$S_i = \overline{A}_i\,\overline{B}_i C_{i-1} + \overline{A}_i B_i \overline{C}_{i-1} + A_i\,\overline{B}_i\,\overline{C}_{i-1} + A_i B_i C_{i-1}$$
$$= (\overline{A}_i B_i + A_i\,\overline{B}_i)\overline{C}_{i-1} + (\overline{A}_i\,\overline{B}_i + A_i B_i)C_{i-1}$$

$$= (A_i \oplus B_i)\overline{C_{i-1}} + (\overline{A_i \oplus B_i})C_{i-1}$$

$$= A_i \oplus B_i \oplus C_{i-1} \tag{2-9}$$

$$C_i = \overline{A_i}B_iC_{i-1} + A_i\overline{B_i}C_{i-1} + A_iB_i\overline{C_{i-1}} + A_iB_iC_{i-1}$$

$$= (\overline{A_i}B_i + A_i\overline{B_i})C_{i-1} + A_iB_i(\overline{C_{i-1}} + C_{i-1})$$

$$= (A_i \oplus B_i)C_{i-1} + A_iB_i \tag{2-10}$$

根据式(2-9) 和式(2-10) 可画出全加器的逻辑电路，如图 2-39 所示。图 2-40 所示为全加器的逻辑符号。

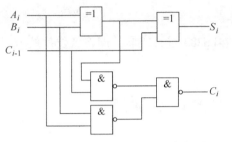

图 2-39   异或门和与门组成的全加器

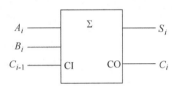

图 2-40   全加器的逻辑符号

2.7.3   多位二进制加法器

一个半加器或全加器只能完成两个一位二进制数的相加，要实现两个多位二进制数的加法运算，就必须使用多个全加器（最低位可用半加器），最简单的方法是将多个全加器串行连接，即将低位全加器的进位输出 C_i 接到高位的进位输入 C_{i-1} 上去。图 2-41 所示为 4 位串行进位的加法器逻辑图。

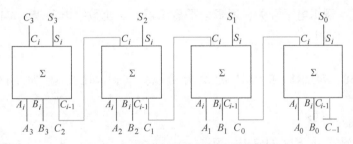

图 2-41   4 位串行进位的加法器逻辑图

由图 2-41 可见，两个 4 位相加数 $A_3A_2A_1A_0$ 和 $B_3B_2B_1B_0$ 并行送到相应全加器的输入端，但进位数串行传送，最低位全加器的 C_{i-1} 端接 0。

串行进位加法器的优点是电路简单，缺点是速度慢，因为进位信号是串行传递。现在的集成加法器大多采用快速进位加法器，即在进行加法运算的过程中，各级进位信号同时送到各全加器的进位输入端。74LS283 就是一种典型的 4 位快速进位集成加法器，其逻辑符号和引脚排列图如图 2-42 所示。

图 2-43 所示是用 74LS283 实现的 8421BCD 码到余 3 码的转换。由前面内容可知，对于同一个十进制数，余 3 码比 8421BCD 码多 3，因此，实现 8421BCD 码到余 3 码的转换，只需将 8421BCD 码加 3（0011）。

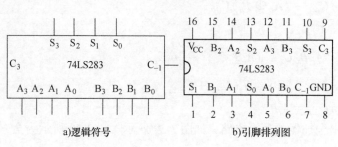

a)逻辑符号   b)引脚排列图

图 2-42　集成 4 位加法器 74LS283

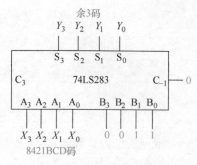

图 2-43　8421BCD 码转换
成余 3 码的电路

如果要扩展加法运算的位数，可将多片 74LS283 进行级联，即将低位片的 C_3 接到相邻高位片的 C_{-1} 上。

模块 2　相关技能训练

2.8　常用组合逻辑电路的应用训练

2.8.1　译码器的应用

1. 训练目的

1）熟悉集成译码器的逻辑功能和测试方法。

2）掌握译码器和数码管的应用。

2. 设备与元器件

5V 直流电源、逻辑电平开关、逻辑电平显示器、直流数字电压表、74LS138、74LS20、74LS00、74LS48、B201。

3. 训练要求

测试 74LS138、74LS48 和 B201 的逻辑功能，掌握 74LS138、74LS48 和 B201 的具体应用。

4. 训练内容与步骤

（1）显示译码器 74LS48 的应用练习

1）按图 2-44 接线，A_3、A_2、A_1、A_0 分别接至逻辑电平开关输出口，拨动逻辑电平开关，观察数码管的显示。

2）测试 74LS48 的灭灯功能。

3）测试 74LS48 的灭零功能。

4）测试 74LS48 的试灯功能。

自拟表格，记录测试结果。

（2）译码器 74LS138 逻辑功能测试　将译码器 74LS138

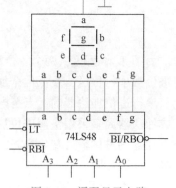

图 2-44　译码显示电路

使能端 G_1、$\overline{G_{2A}}$、$\overline{G_{2B}}$ 及地址端 A_2、A_1、A_0 分别接至逻辑电平开关输出口，八个输出端 $\overline{Y_7}$、…、$\overline{Y_0}$ 依次连接在逻辑电平显示器的八个输入口上，拨动

逻辑电平开关，逐项测试 74LS138 的逻辑功能。测试结果填入表 2-19。

表　2-19

输　入					输　出							
G_1	$\overline{G}_{1A}+\overline{G}_{2A}$	A_2	A_1	A_0	$\overline{Y}_0$	$\overline{Y}_1$	$\overline{Y}_2$	$\overline{Y}_3$	$\overline{Y}_4$	$\overline{Y}_5$	$\overline{Y}_6$	$\overline{Y}_7$
1	0	0	0	0								
1	0	0	0	1								
1	0	0	1	0								
1	0	0	1	1								
1	0	1	0	0								
1	0	1	0	1								
1	0	1	1	0								
1	0	1	1	1								
0	×	×	×	×								
×	1	×	×	×								

（3）译码器 74LS138 的应用练习　按照图 2-45 连接电路，将测试结果填入表 2-20，并分析电路的逻辑功能。

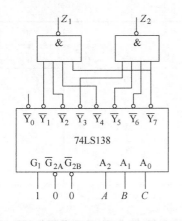

图 2-45　74LS138 应用电路

表　2-20

输　入			输　出	
A (A_2)	B (A_1)	C (A_0)	Z_1	Z_2
0	0	0		
0	0	1		
0	1	0		
0	1	1		
1	0	0		
1	0	1		
1	1	0		
1	1	1		

（4）用 74LS138 构成时序脉冲分配器　参照图 2-46，在数据输入端接入频率约为 10kHz 的时钟脉冲 CP，要求分配器输出端 $\overline{Y}_0$、…、$\overline{Y}_7$ 的信号与 CP 输入信号同相。

画出分配器的实验电路，用示波器观察和记录在地址端 A_2、A_1、A_0 分别取 000～111 八种不同状态时，$\overline{Y}_0$、…、$\overline{Y}_7$ 端的输出波形，注意输出波形与 CP 输入波形之间的相位关系。

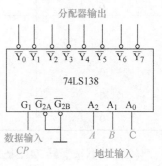

图 2-46　74LS138 构成的
时序脉冲分配器

5. 训练总结

1）总结有关译码器和分配器的原理。

2）画出实验电路，把观察到的波形画在坐标纸上，并标上对应的地址码。

3）对实验结果进行分析、讨论。

4）写出训练总结报告。

2.8.2 数据选择器的应用

1. 训练目的

1）掌握中规模集成数据选择器的逻辑功能及使用方法。

2）学习用数据选择器构成组合逻辑电路的方法。

2. 设备与元器件

5V 直流电源、逻辑电平开关、逻辑电平显示器、直流数字电压表、74LS20、74LS00、74LS48、B201、74LS151、74LS153。

3. 训练要求

测试 74LS151、74LS153 的逻辑功能，掌握 74LS151、74LS153 的具体应用。

4. 训练内容与步骤

（1）测试数据选择器 74LS151 和 74LS153 的逻辑功能 将数据选择器 74LS151 和 74LS153 的地址端、数据端、使能端接逻辑开关，输出端 Q 接逻辑电平显示器，按 74LS151 和 74LS153 的功能表逐项进行测试，测试结果计入表 2-21 和表 2-22。

表 2-21　74LS151 的功能测试

输　　　入				输　　出		输　　　入				输　　出	
$\overline{G}$	A_2	A_1	A_0	Q	$\overline{Q}$	$\overline{G}$	A_2	A_1	A_0	Q	$\overline{Q}$
1	×	×	×			0	1	0	0		
0	0	0	0			0	1	0	1		
0	0	0	1			0	1	1	0		
0	0	1	0			0	1	1	1		
0	0	1	1								

表 2-22　74LS153 的功能测试

输　　　入			输　　出
$\overline{G}$	A_1	A_0	Q
1	×	×	
0	0	0	
0	0	1	
0	1	0	
0	1	1	

（2）数据选择器 74LS151 和 74LS153 的应用练习 分别按照图 2-47 和图 2-48 连接电路，将测试结果填入表 2-23，并分析电路的逻辑功能，写出逻辑表达式。

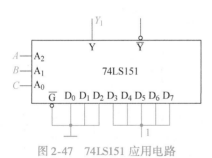

图 2-47　74LS151 应用电路

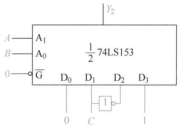

图 2-48　74LS153 应用电路

表　2-23

输　　入			输　　出	
A（A_2）	B（A_1）	C（A_0）	Y_1	Y_2
0	0	0		
0	0	1		
0	1	0		
0	1	1		
1	0	0		
1	0	1		
1	1	0		
1	1	1		

（3）利用数据选择器 74LS151 和 74LS153 实现组合逻辑电路　分别用 74LS151 和 74LS153 实现逻辑函数 $Y = A\bar{C} + BC + A\bar{B}$。要求画出接线图，并验证逻辑功能。

5. 训练总结

1）总结有关数据选择器的原理。

2）画出实验电路，对实验结果进行分析、讨论。

3）写出训练总结报告。

2.8.3 三变量多数表决电路的设计与实现

1. 训练目的

1）掌握组合逻辑电路的设计与测试方法。

2）进一步熟悉译码器、数据选择器和门电路的使用。

2. 设备与元器件

5V 直流电源、逻辑电平开关、逻辑电平显示器、直流数字电压表、74LS20、74LS00、74LS48、B201、74LS151、74LS153、74LS138。

3. 训练要求

设计一个三变量多数表决电路，并分别用与非门、译码器、数据选择器加以实现。

4. 训练内容与步骤

（1）分析训练要求　该电路应有三个输入变量，分别用 A、B、C 表示，并规定输入变量为 1 时代表同意，为 0 时代表不同意；有一个输出变量，用 Y 表示，并规定输出变量为 1 时代表决议通过，为 0 时代表决议不通过。由此可建立该逻辑函数的真值表，见表 2-24。

表 2-24　三变量多数表决电路真值表

A	B	C	Y
0	0	0	0
0	0	1	0
0	1	0	0
0	1	1	1
1	0	0	0
1	0	1	1
1	1	0	1
1	1	1	1

由真值表写出逻辑表达式并化简得

$$Y = \overline{A}BC + A\overline{B}C + AB\overline{C} + ABC = AB + BC + AC \tag{2-11}$$

（2）用与非门实现　将表达式写为与非式：

$$Y = AB + BC + AC = \overline{\overline{AB}\ \overline{BC}\ \overline{AC}} \tag{2-12}$$

根据式（2-12）可画出用与非门实现的电路，如图 2-49 所示。

用一片 74LS00（或 CC4011）和一片 74LS20（或 CC4012）按图 2-49 连线，记录测试结果。

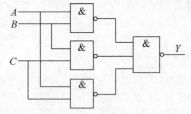

图 2-49　用与非门实现

（3）用 74LS138 实现　将式(2-11) 写成最小项表达式为

$$Y = \overline{A}BC + A\overline{B}C + AB\overline{C} + ABC = Y_3 + Y_5 + Y_6 + Y_7 = \overline{\overline{Y_3}\ \overline{Y_5}\ \overline{Y_6}\ \overline{Y_7}} \tag{2-13}$$

根据式(2-13)画出用译码器 74LS138 实现的电路，如图 2-50 所示。

用一片 74LS20（或 CC4012）和一片 74LS138 按图 2-50 连线，记录测试结果。

（4）用数据选择器实现　用 8 选 1 数据选择器 74LS151 实现：将函数 Y 变换成最小项表达式：

$$Y = \overline{A}BC + A\overline{B}C + AB\overline{C} + ABC = m_3 + m_5 + m_6 + m_7$$

取 $D_0 = D_1 = D_2 = D_4 = 0$，$D_3 = D_5 = D_6 = D_7 = 1$，按图 2-51 连线，记录测试结果。

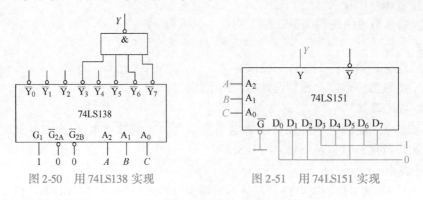

图 2-50　用 74LS138 实现　　　　图 2-51　用 74LS151 实现

用 4 选 1 数据选择器 74LS153 实现的电路请读者自行设计。

5. 训练总结

1）写出设计过程及测试结果。

2）写出组合逻辑电路设计体会。

3）写出训练总结报告。

| 模块 3 | 任务的实现 |

2.9　数字钟译码显示电路与整点报时电路的设计与制作

2.9.1　数字钟译码显示电路的设计与制作

1. 数字钟译码钟显示电路的设计

数字钟译码显示电路的功能是将时、分、秒计数器的输出代码进行翻译，变成相应的数字显示。可用显示译码器驱动七段数码管来实现，具体电路如图 2-52 所示。

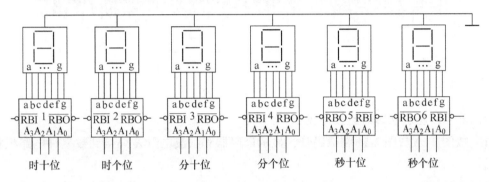

图 2-52　译码显示电路

在图 2-52 所示的电路中，显示部件选用 6 个共阴极数码管 B201，用来驱动数码管的显示译码器选用 74LS48，其引脚排列图如图 2-53 所示。

74LS48 是 BCD-7 段译码器/驱动器，输出高电平有效，专用于驱动 LED 七段共阴极显示数码管。若将秒、分、时计数器的每位输出分别送到相应七段数码管的输入端，便可以进行不同数字的显示。

2. 数字钟译码显示电路的仿真

也可以用共阳极数码管作数字钟的显示电路，此时可以用 74LS47 作译码驱动器。其仿真过程如下：

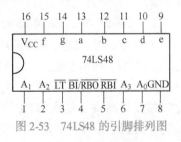

图 2-53　74LS48 的引脚排列图

1）启动 Multisim 10 后，单击基本界面工具条上的 Place TTL 按钮，从弹出的对话框的 Family 栏中选择 74LS，再从 Component 栏中选取 74LS47N，单击 OK 按钮，调出 6 个显示译码器 74LS47N 放到电子工作台上。

2）单击基本界面工具条上的 Place Indicator 按钮，从弹出的对话框的 Family 栏中选择 HEX_LAMP，再从 Component 栏中选取 SEVEN_SEG_COM_A，单击 OK 按钮，将 6 个共阳极数码管放到电子工作台上。

3）单击基本界面工具条上的 Place Source 按钮，从中调出电源线和地线；单击基本界面工具条上的 Place Basic 按钮，从中调出一个 25Ω 电阻、两个 1kΩ 电阻。

4）按图 2-53 的形式连接成仿真电路，如图 2-54 所示。

5）开启仿真开关进行仿真，数码管显示如图 2-54 所示。如果数码管不显示数码，可适当增大电源电压 V_{CC} 的值。

仿真结果符合数字钟显示电路的功能要求。

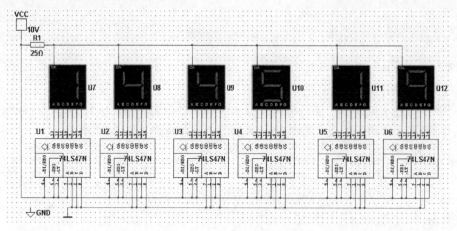

图 2-54　译码显示电路仿真

3. 数字钟显示电路的组装与调试

1）按图 2-52 或图 2-54 将数码管、显示译码器和限流电阻 R 焊接到数字钟电路板相应的位置。

2）接通电源并使数码管的 $\overline{LT}=0$，进行试灯实验，检查数码管的好坏。

3）分别在各 74LS48 的输入端输入 8421BCD 码，检查各个数码管是否正常显示 $0 \sim 9$ 十个数码。

2.9.2　数字钟整点报时电路的设计与制作

1. 数字钟整点报时电路的设计

对数字钟整点报时电路的功能要求是：每当数字钟的分和秒计时到 59 分 51 秒的时候开始发出声响，按照 4 低音 1 高音的要求发出间断声响，发声持续 1s，间断 1s，则 4 声低音（输入 500Hz 信号）发生在 59 分 51 秒、53 秒、55 秒和 57 秒，59 分 59 秒的时候发出高音（输入 1kHz 信号），持续 1s，结束时刻为整点时刻。在这个过程中，分计数器的十位、个位及秒计数器的十位都不变，只有秒个位计数器在计数。

设分十位计数器的输出分别用 Q_{3M2}、Q_{2M2}、Q_{1M2}、Q_{0M2} 表示，分个位计数器的输出分别用 Q_{3M1}、Q_{2M1}、Q_{1M1}、Q_{0M1} 表示，秒十位计数器的输出分别用 Q_{3S2}、Q_{2S2}、Q_{1S2}、Q_{0S2} 表示，秒个位计数器的输出分别用 Q_{3S1}、Q_{2S1}、Q_{1S1}、Q_{0S1} 表示，则音响电路工作的条件是：

分十位的 $Q_{2M2} Q_{0M2} = 11$；

分个位的 $Q_{3M1} Q_{0M1} = 11$；

秒十位的 $Q_{2S2} Q_{0S2} = 11$；

秒个位的 $Q_{0S1} = 1$。

根据音响电路的工作条件可画出驱动音响工作的电路，如图 2-55

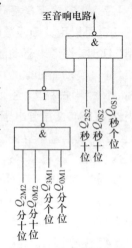

图 2-55　音响驱动电路

所示。

秒个位计数器的输出状态变化见表 2-25。

表 2-25　秒个位计数器的输出状态

CP（秒）	Q_{3S1}	Q_{2S1}	Q_{1S1}	Q_{0S1}	功能
50	0	0	0	0	
51	0	0	0	1	鸣低音
52	0	0	1	0	停
53	0	0	1	1	鸣低音
54	0	1	0	0	停
55	0	1	0	1	鸣低音
56	0	1	1	0	停
57	0	1	1	1	鸣低音
58	1	0	0	0	停
59	1	0	0	1	鸣高音
00	0	0	0	0	停

由表 2-25 可得：

当 $Q_{3S1}=0$ 时，500Hz 信号输入音响电路（扬声器）。

当 $Q_{3S1}=1$ 时，1kHz 信号输入音响电路（扬声器）。

可通过与非门实现音响信号的输入电路，参考电路如图 2-56 所示。

综上所述，整点报时电路的逻辑电路图如图 2-57 所示。

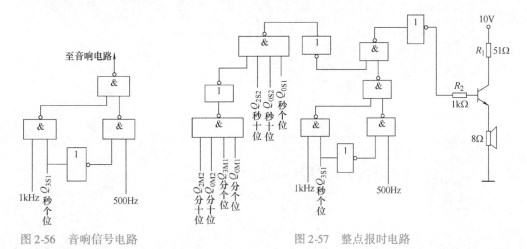

图 2-56　音响信号电路　　　　　　　图 2-57　整点报时电路

2. 数字钟整点报时电路的仿真

在进行整点报时电路仿真时，图 2-57 中所需分十位信号 Q_{2M2} Q_{0M2}、分个位信号 Q_{3M1} Q_{0M1}、秒十位信号 Q_{2S2} Q_{0S2} 和秒个位信号 Q_{3S1} Q_{0S1} 可通过单刀双掷开关接入高、低电平；1kHz 和 500Hz 方波信号由函数信号发生器产生，扬声器位置接入示波器，通过观察波形情况确定扬声器的发生状况。

电路中所需四输入与非门可选一片 4012，四个非门可选一片 4069，四个二输入与非门可选一片4011。具体仿真过程如下：

1）启动 Multisim 10 后，单击基本界面工具条上的 Place CMOS 按钮，从弹出的对话框的 Family 栏中选择 CMOS_5V_IC，再从 Component 栏中分别选取 4011BP_5V、4012BP_5V、4069BCP_5V，单击 OK 按钮，分别调出上述集成门电路放到电子工作台上。

2）单击基本界面工具条上的 Place Transistor 按钮，从弹出的对话框的 Family 栏中选择 BJT_NPN，再从 Component 栏中选取 2N2222A，单击 OK 按钮，调出一个 NPN 型晶体管放到电子工作台上。

3）单击基本界面工具条上的 Function Counter（函数信号发生器）按钮，调出两台函数信号发生器 XFG1 和 XFG2 放到电子工作台上，双击 XFG1 对其进行设置，如图 2-58 所示，然后再设置 XFG2，频率调为 500kHz；再单击基本界面工具条上的 Oscilloscope（双踪示波器）按钮，调出一台双踪示波器 XSC1 放到电子工作台上。

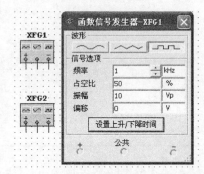

图 2-58　虚拟函数信号发生器的设置

4）单击基本界面工具条上的 Place Source 按钮，从中调出电源线和地线；单击基本界面工具条上的 Place Basic 按钮，从中调出一个 51Ω 电阻、一个 1kΩ 电阻、8 个单刀双掷开关并进行相应的设置。

5）按图 2-57 的形式连接仿真电路，如图 2-59 所示。

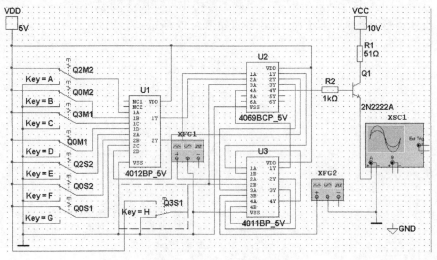

图 2-59　整点报时电路的仿真

6）将开关 Q_{2M2}、Q_{0M2}、Q_{3M1}、Q_{0M1}、Q_{2S2}、Q_{0S2} 和 Q_{0S1} 置于图示位置，开启仿真开关进行仿真，取 $Q_{3S1}=0$ 并双击示波器面板，可观察到加在扬声器上的方波信号如图 2-60 左半部分所示（低音信号），改变 Q_{3S1} 的状态，使 $Q_{3S1}=1$，则可观察到加在扬声器上的方波信号如图 2-60 右半部分所示（高音信号）。

仿真结果符合数字钟整点报时电路的功能要求。

3. 数字钟整点报时电路的组装

按图 2-59 选择整点报时电路所需的元器件，并在面包板上完成电路的组装，门电路的

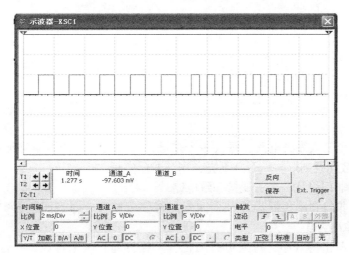

图 2-60　整点报时电路的仿真结果

输入 Q_{2M2}、Q_{0M2}、Q_{3M1}、Q_{0M1}、Q_{2S2}、Q_{0S2} 和 Q_{0S1}、Q_{3S1} 可接到逻辑电平开关上，根据音响电路的工作条件设置其相应的状态，听扬声器的发声情况是否满足整点报时电路的要求。

整点报时电路只要装接无误且元器件无损坏，即可正常工作。

习　　题

2-1　什么叫组合逻辑电路？组合逻辑电路在逻辑功能和电路组成两方面有何特点？

2-2　试分析图 2-61 所示逻辑电路的功能，并写出最简与或表达式。

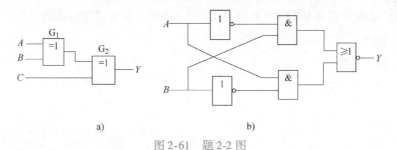

图 2-61　题 2-2 图

2-3　逻辑电路如图 2-62 所示，试分析其逻辑功能，并写出最简与或表达式。

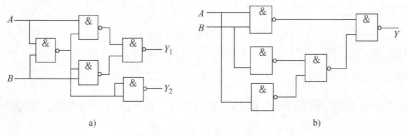

图 2-62　题 2-3 图

2-4　已知图 2-63 所示电路及输入 A、B 的波形，试画出相应的输出波形 Y，不计门的延迟。

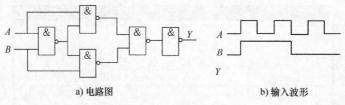

a) 电路图　　　　　　　　　　　　b) 输入波形

图 2-63　题 2-4 图

2-5　设计一个三人表决电路,每人一个按键,同意则按键,不同意则不按键。结果用指示灯表示,多数同意则灯亮,否则不亮,用与非门实现。

2-6　试用与非门设计一个三变量一致电路。

2-7　试用与非门和反相器设计一个四位的奇偶校验器,即当四位数中有奇数个 1 时,输出为 1,否则输出为 0。

2-8　在一个射击游戏中,每人可打三枪,一枪打鸟,一枪打鸡,一枪打兔子。规则:打中两枪得奖,但只要打中鸟,也同样得奖。试设计一个判别得奖电路。

2-9　已知一个组合逻辑电路的输入 A、B、C 和输出 L 的波形如图 2-64 所示,试用最少的逻辑门实现输出函数 L。

2-10　当 10 线-4 线优先编码器 74LS147 的输入端 $\bar{I}_9$、$\bar{I}_3$、$\bar{I}_1$ 接 1,其他输入端接 0 时,输出编码是什么?当 $\bar{I}_3$ 改接 0 后,输出编码有何改变?若再将 $\bar{I}_9$ 改接 0 后,输出又如何?最后全部接 0 时,输出编码又是什么?

2-11　如图 2-65 所示,74LS148 是 8 线-3 线优先编码器,试判断输出信号 W、B_2、B_1、B_0 的状态(高电平或低电平)。

2-12　电路如图 2-66 所示,试写出 G、F、L 的最简与或式。

2-13　试用 3 线-8 线译码器 74LS138 和与非门分别实现下列逻辑函数:

(1) $Z = ABC + \bar{A}(B + C)$

(2) $Z = AB + BC$

(3) $Z = (A + B)(\bar{A} + \bar{C})$

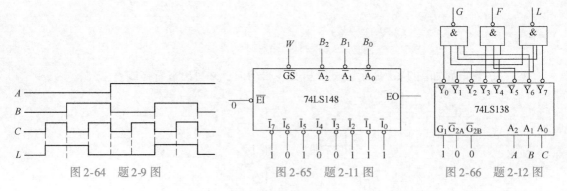

图 2-64　题 2-9 图　　　　　图 2-65　题 2-11 图　　　　　图 2-66　题 2-12 图

2-14　试用 3 线-8 线译码器 74LS138 和门电路设计多输出组合逻辑电路,其输出逻辑函数为

$$\begin{cases} Y_1 = AB + \bar{A}\ \bar{B}\ \bar{C} \\ Y_2 = A \oplus B \oplus C \\ Y_3 = AC + \bar{B}C \end{cases}$$

2-15 试用 8 选 1 数据选择器 74LS151 分别实现下列逻辑函数：

（1）$Z = F(A, B, C) = \sum m(0, 1, 5, 6)$

（2）$Z = F(A, B, C, D) = \sum m(0, 2, 3, 5, 6, 8, 10, 12)$

（3）$Z = A\,\overline{B}C + \overline{A}(\overline{B} + C)$

（4）$Z = A\,\overline{B} + B\,\overline{C} + C\,\overline{D} + \overline{A}D$

2-16 试用 4 选 1 数据选择器 74LS153 分别实现下列逻辑函数：

（1）$Z = F(A, B) = \sum m(0, 1, 3)$

（2）$Z = A\,\overline{B}\,\overline{C} + \overline{A}\,\overline{C} + BC$

（3）$Z = A \oplus B \oplus C$

2-17 试用 8 选 1 数据选择器设计一个 3 人表决电路。当表决提案时，多数人同意，提案通过；否则，提案被否决。

2-18 用双 4 选 1 数据选择器 74LS153 接成的电路如图 2-67 所示。分析电路的功能，写出函数 F_1、F_2、F_3 的表达式，用最小项之和的形式 $\sum m_i$ 表示。

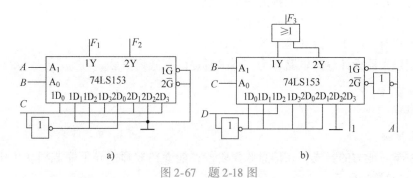

图 2-67 题 2-18 图

2-19 用 8 选 1 数据选择器 74LS151 构成图 2-68 所示的电路，写出输出 Y 的逻辑表达式，列出真值表并说明电路功能。

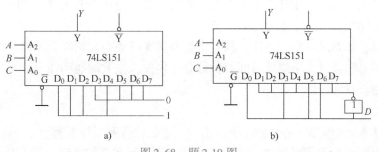

图 2-68 题 2-19 图

2-20 试用 3 线-8 线译码器实现全加器。

2-21 试用 74LS283 实现余 3 码到 8421BCD 码的转换。提示：利用二进制补码的概念，一个负数的补码可将其原码取反后加 1 获得。可用 A 的原码加上 B 的补码实现 A 减去 B 的减法运算。

2-22 试用中规模器件设计一个并行数据监测器，当输入的 4 位二进制码中有奇数个 1 时，输出 F_1 为 1；当输入的这 4 位二进制码是非 8421BCD 码时，F_2 为 1，其余情况 F_1、F_2 均为 0。

任务3
数字钟校时电路和分频电路的设计
与制作——认识触发器

数字钟是采用数字电路实现对时、分、秒进行数字显示的计时装置，具有走时准确、性能稳定、携带方便等优点。本项目为设计和制作一个多功能数字钟，在任务3中主要完成数字钟的校时功能，并使用触发器产生整点报时的高低频信号。具体要求如下：

1）小时校正时，不影响分和秒的正常计数。
2）分校正时，不影响秒和小时的正常计数。
3）秒校正时，不影响分和小时的正常计数。
4）使用触发器设计分频电路，为整点报时提供高低频信号。

任务目标

1. 素质目标

1）自主学习能力的养成：在信息收集阶段，能够在教师引导下完成模块1中相关知识点的学习，并能举一反三。

2）职业审美的养成：在任务计划阶段，要总体考虑电路布局与连接规范，使电路美观实用。

3）职业意识的养成：在任务实施阶段，要首先具备健康管理能力，即注意安全用电和劳动保护，同时注重6S的养成和环境保护。

4）工匠精神的养成：专心专注、精益求精要贯穿任务完成始终，不惧失败。

5）社会能力的养成：小组成员间要做好分工协作，注重沟通和能力训练。

6）培养创新思维习惯。

2. 知识目标

1）掌握基本RS触发器的功能、电路组成、逻辑符号和工作过程。

2）掌握边沿D触发器的功能、电路组成、逻辑符号和工作过程。

3）掌握边沿JK触发器的功能、电路组成、逻辑符号和工作过程。

4）掌握T触发器和T′触发器的功能、电路组成、逻辑符号和工作过程。

3. 能力目标

1）能够使用特性表和特性方程描述触发器的逻辑功能。

2）能够绘制触发器的时序图。

3）掌握触发器间的逻辑转换方法。

4）熟悉使用仿真软件 Multisim 10 进行电路的仿真运行和测试

5）继续熟悉使用面包板搭建硬件电路，并能够使用仪器仪表进行电路的测试和调试。

模块1　必备知识

数字钟的校时电路和分频电路可由触发器构成，让我们先来认识触发器。

在数字系统中，除了对数字信号进行算术和逻辑运算外，还常常需要将运算的结果保存起来，这就需要具有记忆功能的逻辑单元。触发器是具有记忆功能的单元电路，能够存储 1 位二值信号。其基本特点有两个，一是能够自行保持两个稳定状态：1 态或 0 态，用来表示逻辑 1 和逻辑 0；二是在不同输入信号的作用下，触发器可以置成 1 态或 0 态。

触发器按电路结构形式的不同，可分为基本 RS 触发器、同步触发器和边沿触发器等多种类型；按逻辑功能的不同，又可分为 RS 触发器、JK 触发器、D 触发器、T 触发器和 T′触发器等类型。

3.1　基本 RS 触发器

基本 RS 触发器又称为 RS 锁存器，是一种电路结构最简单的触发器，但它是构成各种复杂触发器的重要组成基础。

3.1.1　基本 RS 触发器的电路组成和工作过程

基本 RS 触发器的工作过程可以通过扫描二维码进行简单了解，具体内容可结合下面内容学习。

1. 由与非门组成的基本 RS 触发器

基本 RS 触发器最常见的形式是由门电路组成，图 3-1 所示是由两个与非门 D_1、D_2 的输入和输出交叉反馈连成的基本 RS 触发器。

图 3-1a 中，$\overline{S}$ 和 $\overline{R}$ 是两个输入端，字母上的非号表示两输入端均以低电平作为触发信号。Q 和 $\overline{Q}$ 是两个互补的输出端，通常规定以 Q 端的状态作为触发器状态，即将 $Q=1$、$\overline{Q}=0$ 定义为 1 态，将 $Q=0$、$\overline{Q}=1$ 定义为 0 态。图 3-1b 所示为基本 RS 触发器的逻辑符号。R、S 端的小圆圈也表示该触发器的触发信号为低电平有效。

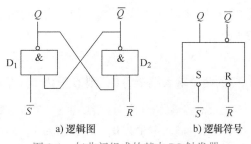

a) 逻辑图　　　　b) 逻辑符号

图 3-1　与非门组成的基本 RS 触发器

在基本 RS 触发器中，触发器的输出不仅由触发信号来决定，而且当触发信号消失后，电路能依靠自身的反馈作用将输出状态保持下来，即具有记忆的功能。具体工作过程如下：

1）当 $\overline{S}=1$、$\overline{R}=1$ 时，触发器将保持原来的状态不变。例如，若触发器的初始状态为 0 态，即 $Q=0$、$\overline{Q}=1$ 时，则 Q 反馈到 D_2 门输入端，将 D_2 门封锁，使 $\overline{Q}$ 恒为 1；$\overline{Q}$ 反馈到 D_1 门输入端，使 D_1 门的两个输入端全为 1，则 Q 恒为 0，即触发器仍将保持 0 态。若触发器的初始状态为1态，即 $Q=1$、$\bar{Q}=0$ 时，则 $\bar{Q}$ 反馈到 D_1 门输入端，将 D_1 门封锁，使 Q 恒为1；Q 反馈到 D_2 门输入端，使 D_2 门的两个输入端全为1，则 $\bar{Q}$ 恒为0，即触发器仍将保持1态。

2）当 $\bar{S}=1$、$\bar{R}=0$ 时，触发器将置0。当 $\bar{S}=1$、$\bar{R}=0$ 时，D_2 门被封锁，使 $\bar{Q}$ 恒为1；D_1 门的两个输入端全为1，则 Q 恒为0，即触发器被置为0态。$\bar{R}$ 又称为置0端或复位端。

3）当 $\bar{S}=0$、$\bar{R}=1$ 时，触发器将置1。当 $\bar{S}=0$、$\bar{R}=1$ 时，D_1 门被封锁，使 Q 恒为1；D_2 门的两个输入端全为1，则 $\bar{Q}$ 恒为0，即触发器被置为1态。$\bar{S}$ 又称为置1端或置位端。

4）当 $\bar{S}=0$、$\bar{R}=0$ 时，输出状态不能确定。当 $\bar{S}=0$、$\bar{R}=0$ 时，D_1 门和 D_2 门都被封锁，使 $Q=\bar{Q}=1$，既不是0态，也不是1态。在实际应用中，这种情况是不允许出现的，因为当触发信号消失后（即 $\bar{S}$ 和 $\bar{R}$ 同时变为1），输出状态是0态还是1态是由 D_1 门和 D_2 门延迟时间的快慢来决定的，故输出状态不能确定。使用时通常使用约束条件来避免这种情况出现。

2. 由或非门组成的基本 RS 触发器

基本 RS 触发器除了可用与非门组成外，也可以利用两个或非门组成，其逻辑图和逻辑符号如图 3-2 所示。在这种基本 RS 触发器中，触发信号为高电平有效。电路的工作过程如下：

1）当 $S=0$、$R=0$ 时，触发器将保持原来的状态不变。例如，若触发器的初始状态为0态，即 $Q=0$、$\bar{Q}=1$ 时，则 $\bar{Q}$ 反馈到 D_2 门输入端，将 D_2 门封锁，使 Q 恒为0；Q 反馈到

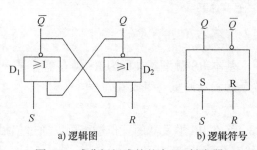

a) 逻辑图　　　　b) 逻辑符号

图 3-2　或非门组成的基本 RS 触发器

D_1 门输入端，使 D_1 门的两个输入端全为0，则 $\bar{Q}$ 恒为1，即触发器仍将保持0态。若触发器的初始状态为1态，即 $Q=1$、$\bar{Q}=0$ 时，则 Q 反馈到 D_1 门输入端，将 D_1 门封锁，使 $\bar{Q}$ 恒为0；$\bar{Q}$ 反馈到 D_2 门输入端，使 D_2 门的两个输入端全为0，则 Q 恒为1，即触发器仍将保持1态。

2）当 $S=0$、$R=1$ 时，触发器将置0。当 $S=0$、$R=1$ 时，D_2 门被封锁，使 Q 恒为0；D_1 门的两个输入端全为0，则 $\bar{Q}$ 恒为1，即触发器被置为0态。R 又称为置0端或复位端。

3）当 $S=1$、$R=0$ 时，触发器将置1。当 $S=1$、$R=0$ 时，D_1 门被封锁，使 $\bar{Q}$ 恒为0；D_2 门的两个输入端全为0，则 Q 恒为1，即触发器被置为1态。S 又称为置1端或置位端。

4）当 $S=1$、$R=1$ 时，输出状态不能确定。当 $S=1$、$R=1$ 时，D_1 门和 D_2 门都被封锁，使 $Q=\bar{Q}=0$，既不是0态，也不是1态。在实际应用中，这种情况是不允许出现的，因为当触发信号消失后（即 S 和 R 同时变为0），输出状态是0态还是1态是由 D_1 门和 D_2 门延迟时间的快慢来决定的，故输出状态不能确定。使用时通常使用约束条件来避免这种情况出现。

3.1.2　触发器的逻辑功能描述

触发器的逻辑功能描述可以通过扫描二维码进行简单了解，具体内容可结合下面内容学习。

　　描述触发器的逻辑功能时，为了分析方便，规定触发器接收触发信号之前的原稳定状态称为现态（或初态），用 Q^n 表示；触发器接收触发信号之后新建的稳定状态称为次态，用 Q^{n+1} 表示。由上述分析可知，触发器的次态 Q^{n+1} 是由触发信号和现态 Q^n 的取值情况确定的。

　　描述触发器逻辑功能的方法很多，常用的有特性表、驱动表、特性方程、状态转换图和时序图，可以根据不同场合选择使用。

1. 特性表

　　将触发器的次态与触发信号和现态之间的关系列成表格，就得到触发器的特性表。由与非门构成的基本 RS 触发器的特性表见表 3-1。

表 3-1　与非门构成的基本 RS 触发器的特性表

$\bar{R}$　$\bar{S}$	Q^n	Q^{n+1}	功能
0　0	0	×	不允许
0　0	1	×	
0　1	0	0	置0
0　1	1	0	
1　0	0	1	置1
1　0	1	1	
1　1	0	0	保持
1　1	1	1	

注：表中的×表示任意值，可以取0，也可以取1。

2. 驱动表

　　根据触发器的现态和次态的取值来确定触发信号取值的关系表，称为触发器的驱动表。由表 3-1 可得由与非门构成的基本 RS 触发器的驱动表见表 3-2。

表 3-2　与非门构成的基本 RS 触发器的驱动表

$Q^n \rightarrow Q^{n+1}$	$\bar{S}$　$\bar{R}$
0　0	1　×
0　1	0　1
1　0	1　0
1　1	×　1

3. 特性方程

　　触发器次态与现态和输入、输出之间的逻辑关系用表达式的方式给出时，该表达式就称为触发器的特性方程。根据表 3-1 可画出基本 RS 触发器的卡诺图，如图 3-3 所示，由此可以写出基本 RS 触发器的特性方程为

$$\begin{cases} Q^{n+1} = S + \bar{R}Q^n \\ \bar{R} + \bar{S} = 1（约束条件） \end{cases} \tag{3-1}$$

4. 状态转换图

　　状态转换图的画法：用圆圈表示触发器的稳定状态，用箭头表示状态转换的方向，在箭

头上标注状态转换的条件。图3-4所示为由与非门组成的基本 RS 触发器的状态转换图。

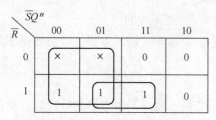

图 3-3 基本 RS 触发器的卡诺图

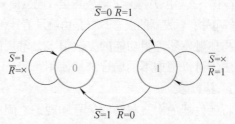

图 3-4 与非门组成的基本 RS 触发器的状态转换图

5. 时序图

时序图是以输出状态随时间变化的波形图的方式来描述触发器的逻辑功能的。假设基本 RS 触发器的初始状态为 0 态，触发信号 $\bar{S}$ 和 $\bar{R}$ 的波形已知，则根据基本 RS 触发器的逻辑功能可画出波形，如图3-5所示。

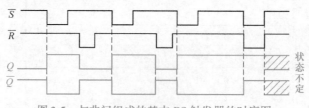

图 3-5 与非门组成的基本 RS 触发器的时序图

【例3-1】 与非门组成的基本 RS 触发器中，设初始状态为 0，已知输入 $\bar{R}$、$\bar{S}$ 的波形图如图3-6a所示，试画出两输出端 Q 和 $\bar{Q}$ 的波形图。

解： 由表3-1可知，当 $\bar{R}$、$\bar{S}$ 都为高电平时，触发器保持原状态不变；当 $\bar{S}$ 变为低电平时，触发器翻转为 1 状态；当 $\bar{R}$ 变为低电平时，触发器翻转为 0 状态；不允许 $\bar{R}$、$\bar{S}$ 同时为低电平。由此可画出 Q 和 $\bar{Q}$ 的波形图，如图3-6b所示。

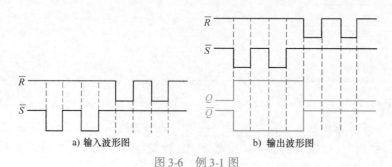

a) 输入波形图　　　　　　　　b) 输出波形图

图 3-6 例 3-1 图

由以上分析可得基本 RS 触发器的动作特点如下：

1）基本 RS 触发器具有两个稳定状态，分别为 1 态和 0 态，故又称为双稳态触发器。

2）输入信号直接加在输出门上，在全部作用时间内直接改变输出状态，也就是说，输出状态直接受输入信号的控制，故而基本 RS 触发器又称为直接置位-复位触发器。

3）没有外加触发信号作用时，触发器保持原有状态不变，具有记忆作用。

3.2　同步触发器

基本 RS 触发器的输出状态由触发信号直接控制，而在实际应用时，常常要求触发器能在某一指定时刻按触发信号所决定的状态翻转，这一要求可以通过外加一个时钟脉冲控制端来实现。由时钟脉冲控制的触发器称为同步触发器，又称为钟控触发器。

3.2.1　同步 RS 触发器

1. 电路结构

同步 RS 触发器是同步触发器中最简单的一种，是在基本 RS 触发器的基础上增加两个由时钟脉冲 CP 控制的门电路，其逻辑图和逻辑符号如图 3-7 所示。

图 3-7a 中，D_1 和 D_2 组成基本 RS 触发器，D_3 和 D_4 组成输入控制门电路，CP 是时钟脉冲的输入控制端，$\overline{R}_D$ 和 $\overline{S}_D$ 用来设置触发器的初始状态，与 CP 脉冲的有无没有关系，因此，$\overline{R}_D$ 和 $\overline{S}_D$ 称为直接置 0 端和直接置 1 端，又称为异步置 0 和异步置 1 端。触发器正常工作时，取 $\overline{R}_D = 1$、$\overline{S}_D = 1$。

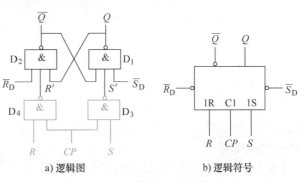

a) 逻辑图　　　　b) 逻辑符号

图 3-7　同步 RS 触发器

2. 逻辑功能

当 $CP = 0$ 时，D_3、D_4 门被封锁，输出都为 1，此时触发信号 R、S 对输出没有影响，所以触发器保持原来的状态不变。

当 $CP = 1$ 时，D_3、D_4 门封锁被解除，使 $R' = \overline{R}$、$S' = \overline{S}$，触发器将按基本 RS 触发器的规律动作。同步 RS 触发器的特性表见表 3-3。

表 3-3　同步 RS 触发器的特性表

CP	R　S	Q^n	Q^{n+1}	功能
0	×　×	0	0	保持
0	×　×	1	1	
1	0　0	0	0	保持
1	0　0	1	1	
1	0　1	0	1	置1
1	0　1	1	1	
1	1　0	0	0	置0
1	1　0	1	0	
1	1　1	0	×	不允许
1	1　1	1	×	

93

由表 3-3 可画出同步 RS 触发器在 $CP=1$ 时的卡诺图，如图 3-8 所示，由该图可写出同步 RS 触发器 $CP=1$ 时的特性方程为

$$\begin{cases} Q^{n+1} = S + \overline{R}Q^n \\ RS = 0(\text{约束条件}) \end{cases} \quad (CP=1 \text{ 时有效}) \tag{3-2}$$

由表 3-3 还可得到同步 RS 触发器的驱动表，见表 3-4。

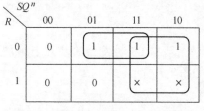

图 3-8　同步 RS 触发器 Q^{n+1} 的卡诺图

表 3-4　同步 RS 触发器的驱动表

$Q^n \rightarrow Q^{n+1}$		S	R
0	0	0	×
0	1	1	0
1	0	0	1
1	1	×	0

由驱动表可得同步 RS 触发器的状态转换图，如图 3-9 所示。

综上所述，在同步 RS 触发器中，触发信号 R 和 S 决定了电路翻转到什么状态，而时钟脉冲 CP 决定了电路状态翻转的时刻，实现了对电路状态翻转时刻的控制。

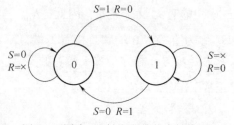

图 3-9　同步 RS 触发器的状态转换图

【例 3-2】　同步 RS 触发器如图 3-7 所示，其输入信号波形如图 3-10a 所示，试画出输出信号的电压波形。设触发器的初始状态为 0 态。

解：由表 3-3 可知，$CP=0$ 时，触发器保持原来的状态不变。若 $CP=1$，当 R、S 都为低电平时，触发器保持原状态不变；当 S 变为高电平时，触发器翻转为 1 状态；当 R 变为高电平时，触发器翻转为 0 状态；不允许 R、S 同时为高电平。由此可画出 Q 和 $\overline{Q}$ 的波形图，如图 3-10b 所示。

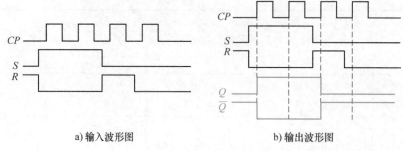

a)输入波形图　　　　　　　　b)输出波形图

图 3-10　例 3-2 图

3.2.2　同步 JK 触发器

1. 同步 JK 触发器的电路结构

同步 RS 触发器在 $R=S=1$ 时出现不定状态，从而限制了它的应用，为避免这种情况出现，可将触发器输出端的两个互补状态反馈到输入端，构成同步 JK 触发器。同步 JK 触发器的逻辑图如图 3-11a 所示，图 3-11b 为其逻辑符号。

2. 同步 JK 触发器的逻辑功能

当 $CP=0$ 时，D_3、D_4 被封锁，都输出为 1，触发器的状态保持不变。

当 $CP=1$ 时，D_3、D_4 解除封锁，输入 J、K 端的信号可控制触发器的状态。

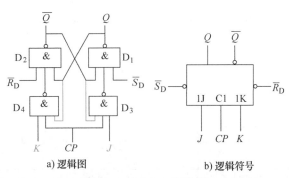

a) 逻辑图   b) 逻辑符号

图 3-11 同步 JK 触发器

1）当 $J=K=0$ 时，触发器保持原来的状态不变。当 $J=K=0$ 时，D_3 和 D_4 都输出 1，触发器保持原来的状态不变，即 $Q^{n+1}=Q^n$。

2）当 $J=1$、$K=0$ 时，JK 触发器置 1。当 $J=1$、$K=0$ 时，若触发器原来的状态为 0 态，即 $Q^n=0$，$\overline{Q^n}=1$，则 $CP=1$ 时，$\overline{Q^n}$、$J=1$ 使 D_3 输入全为 1，输出为 0，使 D_1 输出 $Q^{n+1}=1$；由于 $K=0$，使 D_4 输出为 1，D_2 输入全为 1，则 $\overline{Q^{n+1}}=0$，触发器翻转到 1 态。若触发器原来的状态为 1 态，即 $Q^n=1$，$\overline{Q^n}=0$，则在 $CP=1$ 时，$\overline{Q^n}=0$ 使 D_1 输出 $Q^{n+1}=1$；由于 $K=0$，使 D_4 输出为 1，D_2 输入全为 1，则 $\overline{Q^{n+1}}=0$。触发器保持 1 态。

3）当 $J=0$、$K=1$ 时，JK 触发器置 0。当 $J=0$、$K=1$ 时，若触发器原来的状态为 0 态，即 $Q^n=0$，$\overline{Q^n}=1$，则 $CP=1$ 时，D_3、D_4 输出均为 1，则触发器保持 0 态不变。若触发器原来的状态为 1 态，即 $Q^n=1$，$\overline{Q^n}=0$，则在 $CP=1$ 时，D_4 的输入全为 1，使 D_4 输出为 0；由于 $J=0$，D_3 输出为 1，则触发器置 0。

可见，当 J 和 K 不相等时，不管触发器原来的状态如何，在 CP 由 0 变为 1 后，触发器都翻转到和 J 相同的状态。

4）当 $J=1$、$K=1$ 时，JK 触发器翻转。当 $J=1$、$K=1$ 时，在 CP 由 0 变为 1 后，触发器的状态由 Q 和 $\overline{Q}$ 的反馈信号决定。若触发器的初始状态为 0 态，即 $Q^n=0$，$\overline{Q^n}=1$，则在 $CP=1$ 时，D_4 输入 $Q^n=0$，输出为 1，D_3 输入全为 1，输出为 0，则使 D_1 门输出 $Q^{n+1}=1$，D_2 输入全为 1，输出 $\overline{Q^{n+1}}=0$，触发器翻转到 1 态。若触发器的初始状态为 1 态，则在 $CP=1$ 时，D_4 输入全为 1，输出为 0，D_3 输入 $\overline{Q^n}=0$，输出为 1，则使 D_2 门输出 $\overline{Q^{n+1}}=1$，D_1 输入全为 1，输出 $Q^{n+1}=0$，触发器翻转到 0 态。

可见，当 $J=1$、$K=1$ 时，每输入一个时钟脉冲 CP，触发器的状态变化一次，电路处于计数状态，$Q^{n+1}=\overline{Q^n}$。

由此可列出 JK 触发器的特性表，见表 3-5。

表 3-5 同步 JK 触发器的特性表

CP	J $\quad$ K	Q^n	Q^{n+1}	功能
0	× $\quad$ ×	0	0	保持
0	× $\quad$ ×	1	1	

（续）

CP	J	K	Q^n	Q^{n+1}	功能
1	0	0	0	0	保持
1	0	0	1	1	
1	0	1	0	0	置0
1	0	1	1	0	
1	1	0	0	1	置1
1	1	0	1	1	
1	1	1	0	1	翻转
1	1	1	1	0	

由表3-5可画出同步JK触发器$CP=1$时的卡诺图，如图3-12所示，由该图可写出同步JK触发器$CP=1$时的特性方程为

$$Q^{n+1} = J\,\overline{Q^n} + \overline{K}Q^n \qquad (CP=1\ \text{时有效}) \tag{3-3}$$

由表3-5可得JK触发器的驱动表，见表3-6。

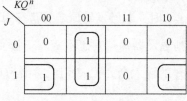

图3-12　同步JK触发器Q^{n+1}的卡诺图

表3-6　同步JK触发器的驱动表

$Q^n \rightarrow Q^{n+1}$		J	K
0	0	0	×
0	1	1	×
1	0	×	1
1	1	×	0

由驱动表可得同步JK触发器的状态转换图，如图3-13所示。

3. 同步触发器存在的问题

同步触发器属于电平触发，在CP有效的时间内，如果输入信号发生变化，触发器的状态会随着发生多次翻转，这种现象称为空翻现象。图3-14中第一个$CP=1$和第二个$CP=1$期间Q状态变化的情况就是空翻现象。

在同步JK触发器中，如果CP过宽，即使输入信号不发生变化，触发器的输出也会产生多次翻转，这种情况称为振荡现象。在图3-14中第三个$CP=1$期间，触发器产生了振荡现象。

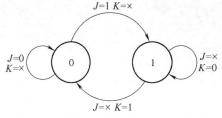

图3-13　同步JK触发器的状态转换图

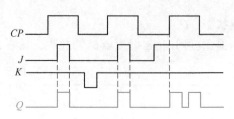

图3-14　同步JK触发器的空翻和振荡

3.3 边沿触发器

同步触发器是采用电平触发方式，因而存在空翻和振荡现象，这就限制了同步触发器的使用。为了进一步提高触发器的工作可靠性，使得每个 CP 周期里输出端的状态只改变一次，克服空翻和振荡现象，在同步触发器的基础上又设计出了主从结构的触发器和边沿触发器。其中边沿触发器仅在 CP 时钟脉冲的上升沿或下降沿接收输入信号，然后触发器按逻辑功能的要求改变状态，在时钟脉冲的其他时刻，触发器都处于保持状态，有效地解决了空翻和振荡的问题，提高了触发器的可靠性，增强了触发器的抗干扰能力，在电子技术中得到了广泛的应用。

按触发器翻转所对应的时刻不同，可把边沿触发器分为 CP 上升沿触发和 CP 下降沿触发。按触发器实现的逻辑功能不同，可把边沿触发器分为边沿 D 触发器和边沿 JK 触发器。

3.3.1 边沿 D 触发器

1. 边沿 D 触发器的电路组成

边沿 D 触发器的逻辑图和逻辑符号如图 3-15 所示。图 3-15a 中，D_1、D_2 组成基本 RS 触发器，D_3 ~ D_6 组成控制导引门，为了避免触发器的空翻和振荡，电路中引入了置 1 维持线 L_1、置 1 阻塞线 L_2、置 0 维持线 L_3 和置 0 阻塞线 L_4，故又称维持-阻塞 D 触发器。图 3-15b 中，C1 端无小圆圈，表示触发器为 CP 上升沿触发。

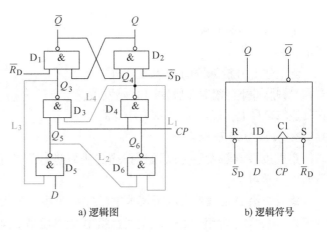

a) 逻辑图　　　　　b) 逻辑符号

图 3-15　边沿 D 触发器

2. 边沿 D 触发器的逻辑功能

当 $CP = 0$ 时，D_3、D_4 门被封锁，输出均为高电平，触发器保持原来的状态不变，D_5、D_6 门的输出由输入信号 D 决定，这时，触发器处于等待状态，一旦 CP 的上升沿到来，触发器就按 D_5、D_6 的输出状态翻转。

1）$D = 1$，触发器置 1。若 $D = 1$，则 $Q_5 = 0$，$Q_6 = 1$，当 CP 的上升沿到来后，D_4 门被打开，输出低电平，D_3 门仍被封锁，输出高电平，经 D_1、D_2 将触发器置 1，即 $Q^{n+1} = 1$。同时，由于 $Q_4 = 0$，一方面，通过置 1 维持线 L_1 将 D_6 封锁，保持 $Q_6 = 1$，$Q_4 = 0$，维持触发器的 1 态；另一方面，为了保证 $CP = 1$ 期间 D 的变化不影响触发器的状态，又通过置 0 阻塞线 L_4 将 $Q_4 = 0$ 的状态引回到 D_3 的输入端，将 D_3 封锁，以阻止触发器置 0。

2）$D = 0$，触发器置 0。若 $D = 0$，则 $Q_5 = 1$，$Q_6 = 0$，当 CP 的上升沿到来后，D_3 门被打开，输出低电平，D_4 门仍被封锁，输出高电平，经 D_1、D_2 将触发器置 0，即 $Q^{n+1} = 0$。同时，由于 $Q_3 = 0$，一方面，通过置 0 维持线 L_3 将 D_5 封锁，保持 $Q_5 = 1$，$Q_3 = 0$，维持触发器的 0 态；另一方面，为了保证 $CP = 1$ 期间 D 的变化不影响触发器的状态，又通过置 1 阻塞线 L_2 使 D_6 的输入全为 1，输出为 0，从而将 D_4 封锁，以阻止触发器置 1。

综上所述，维持-阻塞 D 触发器只有在 *CP* 的上升沿到来时刻才按照输入信号 *D* 的状态进行翻转，其他任何时刻，触发器都将保持原来的状态不变，故把这种触发器称为边沿触发器。边沿 D 触发器的特性表见表 3-7。

表 3-7 边沿 D 触发器的特性表

CP	*D*	Q^n	Q^{n+1}	功能
↑	0	0	0	置0
↑	0	1	0	
↑	1	0	1	置1
↑	1	1	1	

由表 3-7 可得维持-阻塞 D 触发器的特性方程为

$$Q^{n+1} = D \quad （CP \text{ 的上升沿到来时刻有效}）$$

(3-4)

上升沿触发的 D 触发器时序图如图 3-16 所示。

除上述上升沿触发的 D 触发器外，还有在时钟脉冲下降沿时刻触发的 D 触发器，在其逻辑符号上，表现为 C1 端有小圆圈。

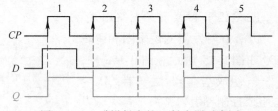

图 3-16 上升沿触发的 D 触发器时序图

3. 集成边沿 D 触发器

集成边沿 D 触发器可以通过扫描二维码进行简单了解，具体内容可结合下面内容学习。

集成边沿 D 触发器在电子技术中已广泛应用。常用的 TTL 集成边沿 D 触发器是 74LS74，常用的 CMOS 集成边沿 D 触发器是 CC4013，下面分别介绍。

（1）74LS74 74LS74 为双上升沿 D 触发器，其引脚排列图及逻辑符号如图 3-17 所示。图中 $\overline{R}_D$ 和 $\overline{S}_D$ 为直接置 0 端和直接置 1 端，低电平有效。74LS74 的功能表见表 3-8。

（2）CC4013 CC4013 为双上升沿 D 触发器，其引脚排列图及逻辑符号如图 3-18 所示。图中 R_D 和 S_D 为直接置 0 端和直接置 1 端，高电平有效。CC4013 的功能表见表 3-9。

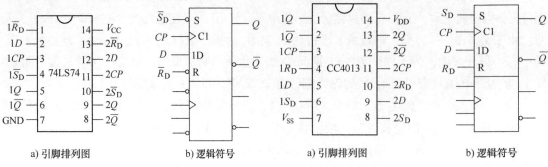

图 3-17 74LS74 的引脚排列图及逻辑符号　　图 3-18 CC4013 的引脚排列图及逻辑符号

表 3-8　74LS74 的功能表

CP	$\overline{R}_D$	$\overline{S}_D$	D	Q^{n+1}	功能
×	0	1	×	0	异步置 0
×	1	0	×	1	异步置 1
↑	1	1	0	0	置 0
↑	1	1	1	1	置 1
0	1	1	×	Q^n	保持
1	1	1	×	Q^n	

表 3-9　CC4013 功能表

CP	R_D	S_D	D	Q^{n+1}	功能
×	0	1	×	1	异步置 1
×	1	0	×	0	异步置 0
↑	0	0	0	0	置 0
↑	0	0	1	1	置 1
0	0	0	×	Q^n	保持
1	0	0	×	Q^n	

3.3.2　边沿 JK 触发器

集成边沿 JK 触发器可以通过扫描二维码进行简单了解, 具体内容可结合下面内容学习。

边沿 JK 触发器和同步 JK 触发器实现的逻辑功能相同, 只是触发时刻不同, 因此, 它们的特性表和特性方程相同, 对于下降沿触发的 JK 触发器, 其特性方程在 CP 下降沿到来时才有效, 即

$$Q^{n+1} = J\,\overline{Q^n} + \overline{K}Q^n \quad （CP \text{下降沿到来时刻有效}） \tag{3-5}$$

若是上升沿触发的 JK 触发器, 则特性方程在 CP 上升沿到来时才有效。

由于边沿 JK 触发器的内部结构比较复杂, 在这里重点介绍两种集成的边沿 JK 触发器。

（1）74LS112　74LS112 是 TTL 双下降沿触发的集成 JK 触发器, 其引脚排列图及逻辑符号如图 3-19 所示。图中 $\overline{R}_D$ 和 $\overline{S}_D$ 为直接置位端和直接复位端, 低电平有效。74LS112 的功能表见表 3-10。

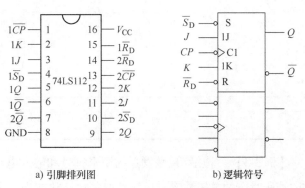

a) 引脚排列图　　　b) 逻辑符号

图 3-19　74LS112 的引脚排列图及逻辑符号

表 3-10　74LS112 的功能表

CP	$\overline{R}_D$	$\overline{S}_D$	J	K	Q^{n+1}	功能
×	0	1	×	×	0	异步置0
×	1	0	×	×	1	异步置1
↓	1	1	0	0	Q^n	保持
↓	1	1	0	1	0	置0
↓	1	1	1	0	1	置1
↓	1	1	1	1	$\overline{Q^n}$	翻转
0	1	1	×	×	Q^n	保持
1	1	1	×	×	Q^n	

（2）CC4027　CC4027 为双上升沿触发的 JK 触发器，其引脚排列图及逻辑符号如图 3-20 所示。图中 R_D 和 S_D 为直接复位端和直接置位端，高电平有效。CC4027 的功能表见表 3-11。

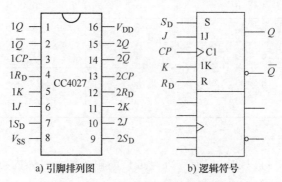

a) 引脚排列图　　　　b) 逻辑符号

图 3-20　CC4027 的引脚排列图及逻辑符号

表 3-11　CC4027 的功能表

CP	R_D	S_D	J	K	Q^{n+1}	功能
×	0	1	×	×	1	异步置1
×	1	0	×	×	0	异步置0
↑	0	0	0	0	Q^n	保持
↑	0	0	0	1	0	置0
↑	0	0	1	0	1	置1
↑	0	0	1	1	$\overline{Q^n}$	翻转
0	0	0	×	×	Q^n	保持
1	0	0	×	×	Q^n	

【例 3-3】　边沿 JK 触发器的逻辑符号和输入电压波形如图 3-21 所示，试画出触发器 Q 和 $\overline{Q}$ 端所对应的电压波形。设触发器的初始状态为 0 态。

解：图 3-21 所示为下降沿触发的 JK 触发器，根据表 3-10 可画出 Q 和 $\overline{Q}$ 端所对应的电压波形，如图 3-22 所示。

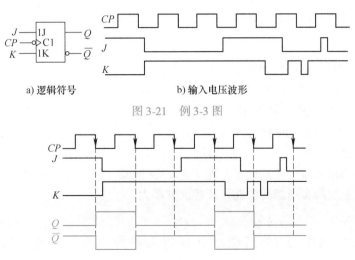

a) 逻辑符号　　　　　　　b) 输入电压波形

图 3-21　例 3-3 图

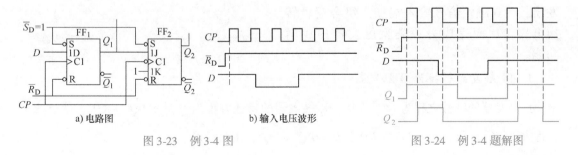

图 3-22　例 3-3 题解图

【例 3-4】　　由边沿 D 触发器 74LS74 和边沿 JK 触发器 74LS112 组成的电路如图 3-23a 所示，各输入端波形如图 3-23b 所示。当各触发器的初态为 0 时，试画出 Q_1 和 Q_2 端的波形。

解：边沿 D 触发器 74LS74 是上升沿触发，边沿 JK 触发器 74LS112 是下降沿触发，则根据表 3-8 和表 3-10 可画出 Q_1 和 Q_2 端的波形，如图 3-24 所示。

a) 电路图　　　　　　　b) 输入电压波形

图 3-23　例 3-4 图　　　　　　　　　图 3-24　例 3-4 题解图

3.4　触发器的逻辑转换

3.4.1　T 触发器和 T′触发器

目前市场上出售的集成触发器多为 JK 触发器和 D 触发器，但在计数器中经常还要用到 T 触发器和 T′触发器。所谓T 触发器是一种受控计数型触发器，即当输入信号 $T=1$ 时，时钟脉冲到来，触发器就翻转；当输入信号 $T=0$ 时，触发器处于保持状态。T′触发器则是指每输入一个时钟脉冲，状态就变化一次的电路。T 触发器和 T′触发器没有现成的集成电路产品，通常是由 JK 触发器或 D 触发器构成。

将 JK 触发器的 J 与 K 相连，作为一个新的输入端 T，就构成了 T 触发器，如图 3-25a 所示。将 $J=K=T$ 代入 JK 触发器的特性方程，便得到 T 触发器的特性方程：

$$Q^{n+1} = T\,\overline{Q^n} + \overline{T}Q^n$$

（CP 下降沿有效）

(3-6)

101

由式(3-6) 可知 T 触发器有如下功能：当 $T=1$ 时，这时 $Q^{n+1}=\overline{Q^n}$，每输入一个 CP 脉冲，触发器的状态变化一次，具有翻转功能；当 $T=0$ 时，这时 $Q^{n+1}=Q^n$，输入 CP 脉冲时，触发器保持原来的状态不变，具有保持功能。

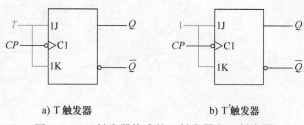

a) T 触发器　　b) T′触发器

图 3-25　JK 触发器构成的 T 触发器和 T′触发器

将 T 触发器的输入端接至高电平，即 $T=1$，就构成 T′触发器，如图 3-25b 所示。在 CP 脉冲的作用下，触发器实现翻转功能。其特征方程为

$$Q^{n+1}=T\overline{Q^n}+\overline{T}Q^n=\overline{Q^n} \qquad (CP\text{ 下降沿有效}) \qquad (3\text{-}7)$$

根据式（3-6）和式（3-7）可画出由 D 触发器构成的 T 触发器和 T′触发器，如图 3-26 所示。

3.4.2　D 触发器和 JK 触发器之间的逻辑功能转换

实际应用中，经常要利用手中仅有的单一品种触发器去完成其他触发器的逻辑功能，这就需要将不同类型触发器之间的逻辑功能进行转换，即将具有某种逻辑功能的触发器，在其触发信号输入端加入组合逻辑转换电路，从而完成另一类型触发器的逻辑功能。

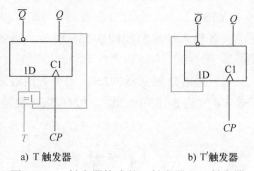

a) T 触发器　　b) T′触发器

图 3-26　D 触发器构成的 T 触发器和 T′触发器

1. JK 触发器转换为 D 触发器

D 触发器的特性方程为 $Q^{n+1}=D$，JK 触发器的特性方程为 $Q^{n+1}=J\overline{Q^n}+\overline{K}Q^n$，使这两个特性方程相等，即 $Q^{n+1}=J\overline{Q^n}+\overline{K}Q^n=D=D\overline{Q^n}+DQ^n$，由此可得

$$J=D \quad K=\overline{D} \qquad (3\text{-}8)$$

由式(3-8) 可画出转换电路，如图 3-27 所示。

2. D 触发器转换为 JK 触发器

令 $Q^{n+1}=D=J\overline{Q^n}+\overline{K}Q^n$，可得转换电路，如图 3-28 所示。

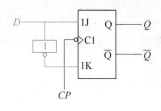

图 3-27　JK 触发器转换为 D 触发器

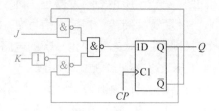

图 3-28　D 触发器转换为 JK 触发器

模块 2　相关技能训练

3.5　触发器的应用练习

3.5.1　触发器功能测试

1. 训练目的

1）掌握基本 RS 触发器、JK 触发器、D 触发器和 T 触发器的逻辑功能。

2）掌握集成触发器的逻辑功能及使用方法。

3）熟悉触发器之间相互转换的方法。

2. 设备与元器件

5V 直流电源、逻辑电平开关、逻辑电平显示器、双踪示波器、连续脉冲器、单次脉冲器、74LS175、74LS112、74LS20、74LS74、74LS00。

3. 训练要求

测试基本 RS 触发器、JK 触发器、D 触发器和 T 触发器的逻辑功能，实现触发器之间的逻辑功能转换。

4. 训练内容与步骤

（1）测试基本 RS 触发器的逻辑功能　如图 3-1 所示，用两个与非门组成基本 RS 触发器，输入端 $\overline{S}$ 和 $\overline{R}$ 接逻辑开关的输出插口，输出端 Q 和 $\overline{Q}$ 接逻辑电平显示输入插口，按表 3-12 的要求测试并记录。

表　3-12

$\overline{R}$	$\overline{S}$	Q	$\overline{Q}$
1	1→0		
	0→1		
1→0	1		
0→1			
0	0		

（2）测试双 JK 触发器 74LS112 的逻辑功能

1）测试 $\overline{R}_\mathrm{D}$、$\overline{S}_\mathrm{D}$ 的复位、置位功能。任取一只 JK 触发器，$\overline{R}_\mathrm{D}$、$\overline{S}_\mathrm{D}$、J、K 端接逻辑开关输出插口，CP 端接单次脉冲器，Q 和 $\overline{Q}$ 端接至逻辑电平显示输入插口。要求改变 $\overline{R}_\mathrm{D}$、$\overline{S}_\mathrm{D}$（J、K、CP 处于任意状态），并在 $\overline{R}_\mathrm{D}=0$（$\overline{S}_\mathrm{D}=1$）或 $\overline{S}_\mathrm{D}=0$（$\overline{R}_\mathrm{D}=1$）作用期间任意改变 J、K、CP 的状态，观察 Q 和 $\overline{Q}$ 的状态，自拟表格并记录。

2）测试 JK 触发器的逻辑功能。按表 3-13 的要求改变 J、K、CP 端的状态，观察 Q 和 $\overline{Q}$ 的状态变化，观察触发器状态更新是否发生在 CP 脉冲的下降沿（即 CP 由 1→0），并记录。

表 3-13

J	K	CP	Q^{n+1}	
			$Q^n = 0$	$Q^n = 1$
0	0	0→1		
		1→0		
0	1	0→1		
		1→0		
1	0	0→1		
		1→0		
1	1	0→1		
		1→0		

3）将 JK 触发器的 J、K 端连在一起，构成 T 触发器。在 CP 端输入 1Hz 连续脉冲，观察 Q 端的变化。在 CP 端输入 1kHz 连续脉冲，用双踪示波器观察 CP、Q、$\overline{Q}$ 端的波形，注意相位关系，画出波形图。

（3）测试双 D 触发器 74LS74 的逻辑功能

1）测试 $\overline{R}_{\mathrm{D}}$、$\overline{S}_{\mathrm{D}}$ 的复位、置位功能，自拟表格记录。

2）测试 D 触发器的逻辑功能。按表 3-14 的要求进行测试，观察触发器状态更新是否发生在 CP 脉冲的上升沿（即由 0→1），并记录。

表 3-14

D	CP	Q^{n+1}	
		$Q^n = 0$	$Q^n = 1$
0	0→1		
	1→0		
1	0→1		
	1→0		

（4）JK 触发器转换为 D 触发器 用 74LS112 构成一个 D 触发器，按表 3-14 的要求测试并记录。

5. 训练总结

1）总结基本 RS 触发器、JK 触发器、D 触发器和 T 触发器的动作特点。

2）写出训练总结报告。

3.5.2 四路抢答器的制作

1. 训练目的

1）学习 D 触发器和 JK 触发器的综合运用。

2）熟悉智力竞赛抢答器的工作原理。

3）了解简单数字系统的实验、调试及故障排除方法。

2. 设备与元器件

5V 直流电源、逻辑电平开关、逻辑电平显示器、双踪示波器、直流数字电压表、74LS175、74LS112、74LS20、74LS74、74LS00。

3. 训练要求

分别用 D 触发器和 JK 触发器设计制作一个四路抢答器。

4. 训练内容与步骤

(1) D 触发器构成的四路抢答器　要构成四路抢答器，需要有 4 个 D 触发器。74LS175 是具有互补输出的四 D 触发器，用来设计四路抢答器十分方便。图 3-29 所示为 74LS175 的引脚排列图和逻辑符号。

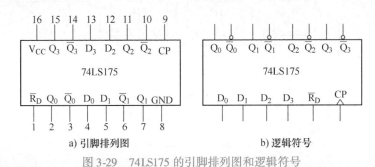

图 3-29　74LS175 的引脚排列图和逻辑符号

图 3-30 所示是由 74LS175 附加必要的门电路构成的四路抢答器电路。

在准备工作之前，四路输出 $Q_0 \sim Q_3$ 均为 0，对应的指示灯 $LED_0 \sim LED_3$ 都不亮。开始工作（抢答开始）时，哪一个开关按下，对应的输出就为 1，就会点亮相应的指示灯，同时相应的反相输出端为 0，使门 D_1 输出 0，将门 D_3 封锁，此时再按任何开关，CP 都不起作用了，这样很容易从灯亮的情况判断是哪一路最先抢答的。

按图 3-30 连接训练电路，触发器先复位，然后开始抢答。

(2) JK 触发器构成的四路抢答器　图 3-31 所示是由 JK 触发器附加必要的电路构成的四路抢答器电路。

开始工作之前，通过复位开关 S_R 使四个触发器的输出 $Q_0 \sim Q_3$ 均为 0，反相输出端均为 1，对应的指示灯 $LED_0 \sim LED_3$ 都不能点亮。D_2 输出 1，使四个触发器的输入都是 $J = K = 1$，处于接收信号的状态，即做好了工作的准备。开始工作（抢答开始）时，哪一个开关按下，对应的触发器的状态就由 0 翻转到 1，则反相输出端为

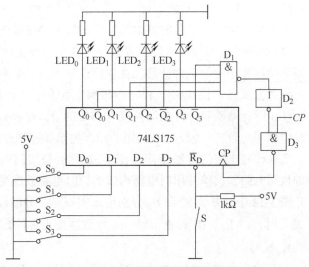

图 3-30　D 触发器构成的四路抢答器电路

0，就点亮了相应的指示灯，同时使门 D_2 输出为 0，即四个触发器的输入都是 $J = K = 0$，处于保持状态，此时再按其他任何开关，触发器的状态都不会改变了。根据灯亮的情况即可判断是

哪一路最先抢答的。

按图 3-31 连接训练电路，JK 触发器用两片 74LS112，触发器先复位，然后开始抢答。

5. 训练总结

1）分析讨论训练中出现的故障及其排除方法。

2）写出训练总结报告。

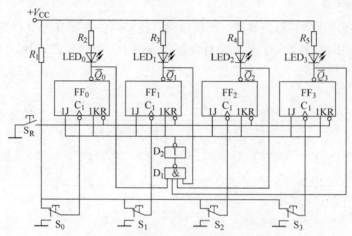

图 3-31　JK 触发器构成的四路抢答器电路

模块 3　任务的实现

3.6　数字钟校时电路和分频电路的设计与制作

3.6.1　数字钟校时电路的设计

校时是数字钟应具备的基本功能。当数字钟接通电源或者计时出现误差时，需要校正时间（或称校时）。对校时电路的要求是：在小时校正时不影响分和秒的正常计数，在分校正时不影响秒和小时的正常计数，在秒校正时不影响分和小时的正常计数。

校时方式有"快校时"和"慢校时"两种，"快校时"是通过开关控制，校小时和分时，使小时计数器和分计数器直接对 1Hz 的校时脉冲计数，校秒时，使秒计数器直接对 2Hz 的校时脉冲计数；"慢校时"是用手动产生单脉冲作校时脉冲。

实现校时电路的方法很多，图 3-32 所示是用门电路和触发器构成的能够校正时、分、秒的校时电路，比单纯用门电路构成的校时电路性能更优。

图 3-32 中，开关 S_1 和 S_2 分别用来实现时、分的校准，S_3 用来实现秒的校准。开关 S_1、S_2 断开时，门 D_4、D_6 封锁，时、分计数器按正常计数。

1. 校时

S_1 闭合时，进行时的校准。此时门 D_4 打开，D_5 封锁，D_9 打开，D_8 封锁，1Hz 信号经门 D_9、D_3、D_4 后直接送入时计数器，进行"快校时"；若此时送入 D_4 的是单次脉冲，则经过手动控制，可以进行"慢校时"。将时校准后再将 S_1 置于正常位置。

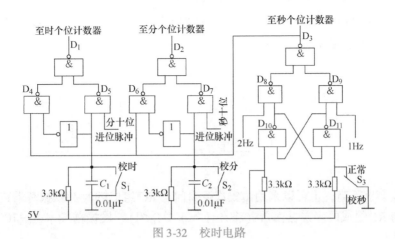

图 3-32　校时电路

2. 校分

当时校准后，打开 S_1，合上 S_2 至校分位置，同校时的原理一样，此时门 D_6 打开，D_7 封锁，D_9 打开，D_8 封锁，1Hz 信号经门 D_9、D_3、D_6 后直接送入分计数器，进行分的"快校时"。若此时送入 D_6 的是单次脉冲，则经过手动控制，可以进行分的"慢校时"。将分校准后再将 S_2 置于正常位置。

3. 校秒

若要校准秒，需向秒计数器送入比秒快的计数脉冲，本设计中送入的是 2Hz 的计数脉冲。图 3-32 中，由单刀双掷开关 S_3 控制着 D_{10}、D_{11} 组成的 RS 触发器的状态，当 S_3 置于正常状态时，D_{10} 输出低电平，关闭 D_8，D_{11} 输出高电平，使 D_9 打开，则 1Hz 信号正常进入秒计数器，使时钟正常计时。当 S_3 置于校秒状态时，D_{11} 输出低电平，关闭 D_9，D_{10} 输出高电平，使 D_9 封锁，

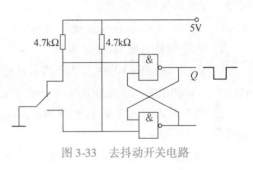

图 3-33　去抖动开关电路

D_8 打开，则 2Hz 信号进入秒计数器，使秒计数器计时速度提高 1 倍，进行秒的校准，将秒校准后再将 S_3 置于正常位置。

需要注意的是，校时电路是由与非门构成的逻辑电路，开关 S_1、S_2、S_3 为 0 或 1 时，可能会产生抖动，接电容 C_1、C_2 可以缓解抖动（S_3 未画出）。必要时还应将其改为由触发器构成的去抖动开关电路，如图 3-33 所示。

3.6.2　数字钟分频电路的设计

分频电路的功能主要有两个：一是产生秒脉冲信号（1Hz）和校秒信号（2Hz）；二是提供整点报时电路所需的高音频信号（1kHz）和低音频信号（500Hz）。

一个触发器有两个稳定状态，可以用作分频器，如 D 触发器，若令 $D = \overline{Q^n}$，则有 $Q^{n+1} = D = \overline{Q^n}$，即来一个时钟脉冲，触发器翻转一次，输出信号频率是输入信号频率的一半，进行了一次二分频。

目前石英电子钟多采用 32768Hz 的时标信号，将此信号经过 15 级二分频即可得到 1Hz

的秒脉冲信号，分频电路如图 3-34 所示。2Hz 校秒信号由 Q_{14} 输出，500Hz 低音频信号由 Q_6 输出，1kHz 高音频信号由 Q_5 输出。其中，$FF_0 \sim FF_{13}$ 也可以通过一个 14 级分频电路如 CD4060 实现。

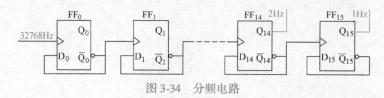

图 3-34　分频电路

如果精度要求不高，也可以采用由集成逻辑门与 RC 组成的时钟源振荡器或由集成电路定时器 555 与 RC 组成的多谐振荡器（将在任务 5 中介绍）。设振荡频率 $f_0 = 10^3 Hz$，则经过 3 级十分频即可。

在任务 2 中，数字钟整点报时的高低频信号是通过与、非门的逻辑电路产生，在本任务中，则是通过触发器。在任务 1 的逻辑函数的表达和化简中也有类似情况，即同一逻辑函数可表示成不同逻辑式，逻辑函数的化简可以通过公式和卡诺图两种方式简化。但是，哪种方式更简单、方便、可靠性高、集成度高，是需要通过一次次的实践而得。条条大路通罗马，做成一件事的方法不只一种，通往成功的道路也不止一条，也许每种解法都可以得到正确答案，也许有一种方法是最好的。因此，在之后的学习生活中，遇事应多思考、多想办法解决问题，不断提高创新能力。

3.6.3　数字钟校时电路和分频电路的仿真

1. 数字钟校时电路的仿真

1）启动 Multisim 10 后，单击基本界面工具条上的 Place CMOS 按钮，调出 3 片 4011BP_5V、1 片 4069BCP_5V 放到电子工作台上。

2）单击基本界面工具条上的 Place Basics 按钮，调出 4 个 3.3kΩ 电阻和 2 个 0.01μF 电容放到电子工作台上。

3）单击基本界面工具条上的 Place Source 按钮，从中调出电源线和地线放到电子工作台上。

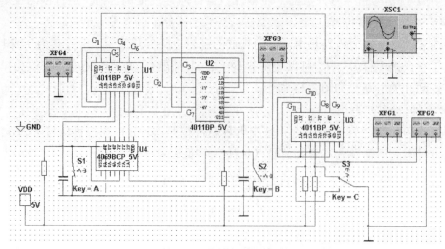

图 3-35　校时电路的仿真

4）按图 3-32 连接校时电路的仿真电路，如图 3-35 所示。为简单起见，校时和计时所需的 1Hz、0.5Hz、1/60Hz（秒十位进位脉冲）和 1/360Hz（分十位进位脉冲）分别由函数信号发生器 XFG1、XFG2、XFG3 和 XFG4 产生，用示波器观察校时电路的仿真结果。在图 3-35 中，示波器观察的是校时的仿真结果，若观察校分和校秒的仿真结果，则把示波器的接线端分别接到 D_2、D_1 上即可。

5）打开仿真开关开始仿真，双击示波器观察波形，开关 S1 打开时（正常计时），波形如图 3-36 左半部分所示，合上开关 S1（校时），波形如图 3-36 右半部分所示，仿真结果符合对校时电路的功能要求。同理可观察校分和校秒的仿真结果，均符合对校时电路的功能要求。

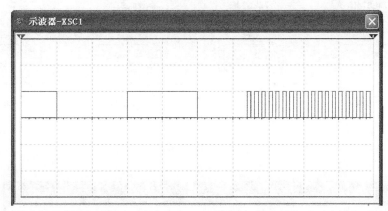

图 3-36 校时电路的仿真结果

2. 数字钟分频电路的仿真

1）启动 Multisim 10 后，单击基本界面工具条上的 Place TTL 按钮，调出 8 片 74LS74N 放到电子工作台上。

2）单击基本界面工具条上的 Place Source 按钮，从中调出电源线和地线放到电子工作台上。

3）按图 3-34 连接分频电路的仿真电路，如图 3-37 所示。为简单起见，32768Hz 的时钟信号由函数信号发生器 XFG1 产生；用示波器观察校时电路的仿真结果。在图 3-37 中，示波器观察的是 Q_6 的输出波形，若观察其他仿真结果，调整示波器的接线端即可。

4）打开仿真开关开始仿真，双击示波器观察波形，观察到 Q_6 的输出波形如图 3-38 所示，其周期为 1.989ms（频率约为 500Hz），仿真结果符合对校时电路的功能要求。

3.6.4 数字钟校时电路和分频电路的安装与调试

安装校时和分频电路需要 8 片 74LS74、4 片 74LS00、4 个 3.3kΩ 电阻、2 个 0.01μF 电容、5V 直流电源、1 台函数信号发生器、1 台示波器。

1）按图 3-37 安装分频器，D 触发器可选 8 片 74LS74。

2）由低频信号发生器提供一 32768Hz 的时标信号，输入到第一级触发器的 CP 脉冲输入端，用示波器观察 Q_5、Q_6、Q_{15}、Q_{16} 的波形。

3）按图 3-35 安装校时电路，门电路也可选 4 片 74LS00。

4）分别将 Q_{15}、Q_{16} 的输出信号接至门 D_9、D_8 的输入端。

5）合上 S_1，校时，用示波器观察门 D_1 的输出信号是否为秒脉冲信号。

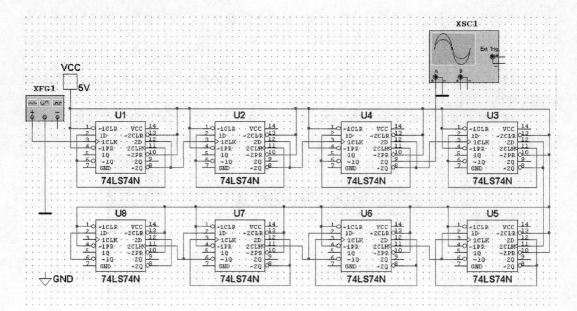

图 3-37　分频电路仿真

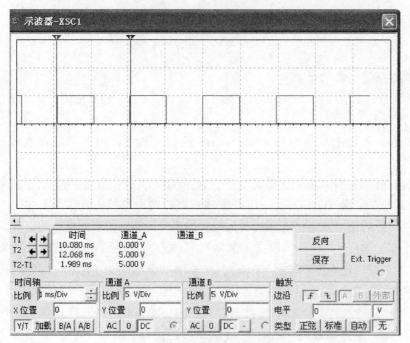

图 3-38　分频电路仿真结果

6) 合上 S_2，校分，用示波器观察门 D_2 的输出信号是否为秒脉冲信号。

7) 将 S_3 合向 "校秒" 位置，校秒，用示波器观察门 D_3 的输出信号是否为 0.5Hz 脉冲信号。

若电路发生抖动，将 S_1、S_2、S_3 换成图 3-33 所示的去抖动开关电路。

习　题

3-1　在由与非门构成的基本 RS 触发器中，触发输入信号如图 3-39 所示，试画出其 Q 和 $\overline{Q}$ 端的波形。

3-2　由或非门构成的基本 RS 触发器中，触发输入信号如图 3-40 所示，试画出其 Q 和 $\overline{Q}$ 端的波形。设触发器的初始状态为 0。

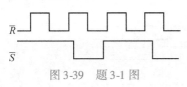

图 3-39　题 3-1 图

图 3-40　题 3-2 图

3-3　输入信号 u_i 如图 3-41 所示，试画出由与非门构成的基本 RS 触发器的 Q 和 $\overline{Q}$ 端的波形。

图 3-41　题 3-3 图

（1）u_i 加在 $\overline{S}_D$ 端上，$\overline{R}_D = 1$，且触发器的初始状态为 0。

（2）u_i 加在 $\overline{R}_D$ 端上，$\overline{S}_D = 1$，且触发器的初始状态为 1。

3-4　在同步 RS 触发器中，S、R、CP 端波形如图 3-42 所示，试画出 Q 端的波形。设触发器的初始状态为 0。

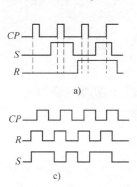

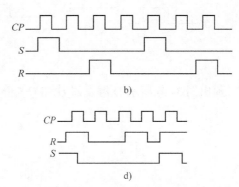

图 3-42　题 3-4 图

3-5　设图 3-43 中各触发器的初始状态皆为 0，试画出在 CP 脉冲作用下各触发器输出端的电压波形。

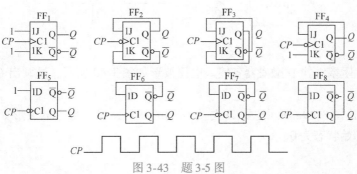

图 3-43　题 3-5 图

3-6　图 3-44a 所示的四个边沿触发器中，若已知 CP、A、B 的波形如图 3-44b 所示，试对应画出其输出 Q 端的波形。设触发器的初始状态均为 0。

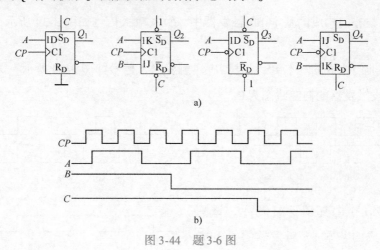

图 3-44　题 3-6 图

3-7　下降沿触发的 JK 触发器波形如图 3-45 所示，试画出 Q 和 $\overline{Q}$ 端的波形。设触发器的初始状态为 0。

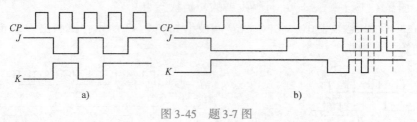

图 3-45　题 3-7 图

3-8　画出图 3-46 所示 D 触发器 Q 和 $\overline{Q}$ 端的波形。设触发器的初始状态为 0。

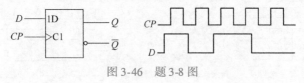

图 3-46　题 3-8 图

3-9　画出图 3-47 所示 T 触发器 Q 和 $\overline{Q}$ 端的波形。设触发器的初始状态为 0。

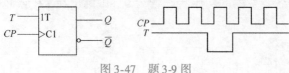

图 3-47　题 3-9 图

3-10　维持-阻塞结构 D 触发器各输入电压波形如图 3-48 所示，试画出 Q 和 $\overline{Q}$ 端所对应的电压波形。

3-11　试画出图 3-49a 所示电路 D 端及 Q 端的波形，输入信号的波形如图 3-49b 所示。设 D 触发器的初始状态为 0。

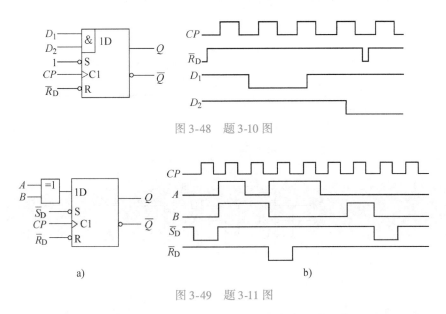

图 3-48　题 3-10 图

图 3-49　题 3-11 图

3-12　由负边沿 JK 触发器组成的电路及其 CP、J 端输入波形如图 3-50 所示，试画出 Q 端的波形。设 JK 触发器的初始状态为 0。

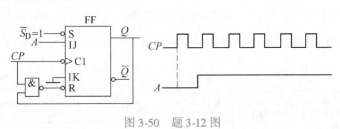

图 3-50　题 3-12 图

3-13　电路如图 3-51a 所示，B 端输入的波形如图 3-51b 所示，试画出该电路输出端 G 的波形。设触发器的初态为 0。

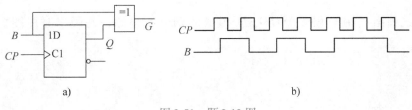

图 3-51　题 3-13 图

3-14　由维持-阻塞 D 触发器和边沿 JK 触发器组成的电路如图 3-52a 所示，各输入端波形如图 3-52b 所示。当各触发器的初态为 0 时，试画出 Q_1 和 Q_2 端的波形，并说明此电路的功能。

3-15　试画出图 3-53a 所示电路中输出端 B 的波形（触发器的初始状态为 0）。A 是输入端，比较 A 和 B 的波形，说明此电路的功能。

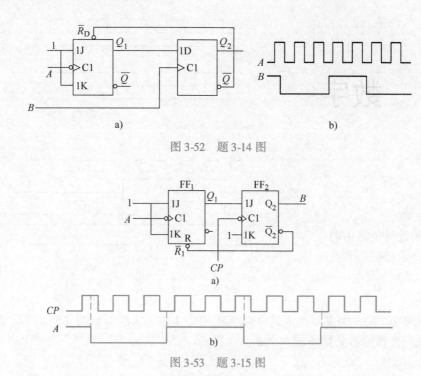

图 3-52　题 3-14 图

图 3-53　题 3-15 图

3-16　电路如图 3-54a 所示，设触发器的初始状态均为 0，试画出在 CP 作用下 Q_1 和 Q_2 的波形。

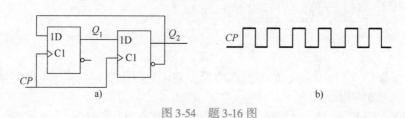

图 3-54　题 3-16 图

3-17　试画出利用 D 触发器 74LS74 组成的四分频电路，并画出时序图，说明其工作过程。

任务4
数字钟计时电路的设计与制作
——认识时序逻辑电路

数字钟的计时电路由时、分、秒计数器构成，要将计时电路的输出结果用数字显示出来，可以用显示译码器和数码管来实现。具体要求如下：

1）小时采用二十四进制计数器，用两位十进制数表示。

2）分采用六十进制计数器，用两位十进制数表示。

3）秒采用六十进制计数器，用两位十进制数表示。

4）用秒脉冲作为秒计数器的计数脉冲，每计满60s后给分计数器送入一个计数脉冲，每计满60min后给小时计数器送入一个计数脉冲。

5）每组计数器的输出通过2.9节中的译码显示电路显示出时间数字。

设计数字钟的时、分、秒计时电路时，要用到另外一种数字电路——时序逻辑电路。构成时序逻辑电路的基本单元是触发器，常用的时序逻辑电路有寄存器、计数器等。

任务目标

1. 素质目标

1）自主学习能力的养成：在信息收集阶段，能够在教师引导下完成模块1中相关知识点的学习，并能举一反三。

2）职业审美的养成：在任务计划阶段，要总体考虑电路布局与连接规范，使电路美观实用。

3）职业意识的养成：在任务实施阶段，要首先具备健康管理能力，即注意安全用电和劳动保护，同时注重6S的养成和环境保护。

4）工匠精神的养成：专心专注、精益求精要贯穿任务完成始终，不惧失败。

5）社会能力的养成：小组成员间要做好分工协作，注重沟通和能力训练。

6）强化马克思主义基本原理：实践是检验真理的唯一标准。

2. 知识目标

1）掌握时序逻辑电路的分析方法。

2）掌握异步二进制计数器的构成方法。

3）了解同步计数器原理。

4）掌握集成计数器及应用。

5）掌握寄存器原理及应用。

3. 能力目标

1）会选择和正确使用集成计数器。

2）能够设计、安装和调试计时电路。

3）能够举一反三，掌握不同数字集成芯片的使用。

模块 1　必 备 知 识

4.1　时序逻辑电路的分析

4.1.1　时序逻辑电路概述

数字逻辑电路分为组合逻辑电路和时序逻辑电路两大类。与组合逻辑电路不同，时序逻辑电路在任何时刻的输出不仅取决于该时刻的输入，而且还与电路原来的状态有关。

在电路结构上，时序逻辑电路通常包括组合逻辑电路和具有记忆功能的存储单元电路（触发器），并且后一部分电路必不可少。时序逻辑电路的一般结构框图如图 4-1 所示。

在图 4-1 中，X（X_1, …, X_n）表示时序逻辑电路的输入信号；Y（Y_1, …, Y_m）表示时序逻辑电路的输出信号；Z（Z_1, …, Z_k）表示触发器的驱动输入信号，决定时序逻辑电路下一时刻的状态；Q（Q_1, …, Q_i）表示触发器的输出信号，反馈到电路的输入端。这些信号之间的逻辑关系为

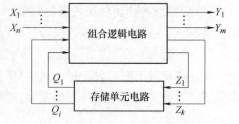

图 4-1　时序逻辑电路的结构框图

$$Y = F(X, Q^n) \tag{4-1}$$
$$Z = G(X, Q^n) \tag{4-2}$$
$$Q^{n+1} = H(Z, Q^n) \tag{4-3}$$

其中，式(4-1) 称为输出方程，式(4-2) 称为驱动方程，式(4-3) 称为状态方程。

必须指出，图 4-1 只是时序逻辑电路的一般结构，在以后分析某些具体的时序逻辑电路时可能会和该电路有一定的差别。例如，有些时序逻辑电路中没有组合逻辑电路部分或者没有外部输入逻辑变量，但是，无论怎样变，时序逻辑电路中必须包含触发器。

根据触发器状态更新与时钟脉冲 CP 是否同步，可以将时序逻辑电路分为同步时序逻辑电路和异步时序逻辑电路两大类。在同步时序逻辑电路中，构成存储单元电路的触发器的时钟输入端与一个公共的系统脉冲源 CP 相连，所有触发器的状态在时钟脉冲 CP 的协调控制下同步变化。在异步时序逻辑电路中，不一定存在公共时钟脉冲，各触发器状态的变化不是同时发生，而是有先有后的。

4.1.2　时序逻辑电路分析的一般步骤

时序逻辑电路的分析是根据已知的逻辑电路图，找出电路状态和输出信号在输入信号和时钟脉冲信号作用下的变化规律，确定电路的逻辑功能。

对时序逻辑电路进行分析的一般步骤是：列写电路方程→列状态转换表→说明电路的逻辑功能→画出状态转换图和时序图。

1. 列写电路方程

电路方程包括输出方程、驱动方程和状态方程。

1）列写输出方程。根据逻辑电路图中组合电路部分的输出与输入关系，可以写出电路的输出方程。

2）列写驱动方程。根据给定的逻辑电路图，写出每个触发器输入信号的逻辑表达式。

3）列写状态方程。将驱动方程代入每个触发器的特性方程，可以得到每个触发器的状态方程。

2. 列状态转换表

依次设定现态，代入电路的状态方程和输出方程，求出相应的次态及输出，从而列写出状态转换表。

3. 说明电路的逻辑功能

根据状态转换表说明电路的逻辑功能。

4. 画出状态转换图和时序图

状态转换图是电路由现态转换到次态的示意图，时序图是在时钟脉冲 CP 的作用下，各触发器变化的波形图。根据电路的状态转换表可以画出电路的状态转换图和时序图。

【例4-1】　分析图4-2所示电路的逻辑功能，画出状态转换图和时序图。

解：（1）写出电路方程。

输出方程：$Y = Q_2^n \overline{Q_1^n}$　　　　　(4-4)

驱动方程：

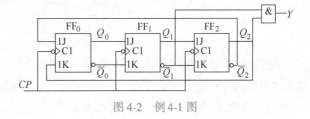

图4-2　例4-1图

$$J_0 = \overline{Q_2^n} \quad K_0 = Q_2^n$$
$$J_1 = Q_0^n \quad K_1 = \overline{Q_0^n} \qquad (4\text{-}5)$$
$$J_2 = Q_1^n \quad K_2 = \overline{Q_1^n}$$

状态方程：将式(4-5)代入JK触发器的特性方程 $Q^{n+1} = J\overline{Q^n} + \overline{K}Q^n$，可得各触发器的状态方程为

$$Q_0^{n+1} = J_0 \overline{Q_0^n} + \overline{K_0}Q_0^n = \overline{Q_2^n}\,\overline{Q_0^n} + \overline{Q_2^n}Q_0^n = \overline{Q_2^n}$$

$$Q_1^{n+1} = J_1 \overline{Q_1^n} + \overline{K_1}Q_1^n = Q_0^n \overline{Q_1^n} + Q_0^nQ_1^n = Q_0^n \qquad (4\text{-}6)$$

$$Q_2^{n+1} = J_2 \overline{Q_2^n} + \overline{K_2}Q_2^n = Q_1^n \overline{Q_2^n} + Q_1^nQ_2^n = Q_1^n$$

（2）列状态转换表。设电路的现态为 $Q_2^n Q_1^n Q_0^n = 000$，代入式(4-4)和式(4-6)进行计算，可得 $Y=0$，$Q_2^{n+1}Q_1^{n+1}Q_0^{n+1} = 001$，即第一个 CP 脉冲后，电路的状态由 000 翻转到 001。然后以 001 作为新的现态，再代入式(4-4)和式(4-6)进行计算，可得新的次态，以此类推，可求得电路的状态转换表，见表4-1。

（3）说明电路的逻辑功能。由表4-1可以看出，电路在输入第六个计数脉冲 CP 后，返回到原来的状态，同时输出端 Y 输出一个进位信号，且每相邻两个状态只相差一位二进制码，符合格雷码的标准，因此，本题所示电路为用格雷码表示的同步六进制加法计数器。

表 4-1　例 4-1 的状态转换表

现　　态			次　　态			输　　出
Q_2^n	Q_1^n	Q_0^n	Q_2^{n+1}	Q_1^{n+1}	Q_0^{n+1}	Y
0	0	0	0	0	1	0
0	0	1	0	1	1	0
0	1	1	1	1	1	0
1	1	1	1	1	0	0
1	1	0	1	0	0	0
1	0	0	0	0	0	1
0	1	0	1	0	0	0
1	0	1	0	1	0	1

（4）画状态转换图和时序图　根据表 4-1 可以画出电路的状态转换图，如图 4-3 所示。

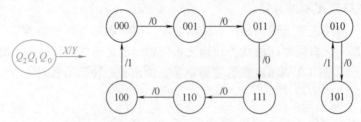

图 4-3　例 4-1 的状态转换图

根据表 4-1 可以画出电路的时序图，如图 4-4 所示。

（5）检查电路的自启动能力。图 4-2 所示电路有 $2^3 = 8$ 个状态，由图 4-3 可以看出，其中 6 个状态被用来计数，称为有效状态。当电路处于 010 或 101 状态时，在 CP 脉冲作用下，这两个状态之间交替循环变换，不能进入有效循环，所以该电路没有自启动能力。

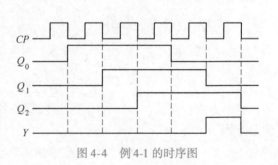

图 4-4　例 4-1 的时序图

4.2　寄存器

在数字系统中，常常需要将一些数码、运算结果或指令等暂时存放起来，在需要的时候再取出来进行处理或进行运算。这种能够用于存储少量的二进制代码或数据的逻辑部件，称为寄存器。因此，寄存器必须具有记忆单元——触发器，由于一个触发器有 0 和 1 两个稳定状态，故只能存放 1 位二进制数码，要存放 N 位数码必须有 N 个触发器。

常用的寄存器按功能分为数码寄存器和移位寄存器两类。

4.2.1　数码寄存器

数码寄存器只具有接收和清除原有数码的功能，其结构比较简单，数据输入、输出只能采用并行方式。在数字系统中，数码寄存器常用于暂时存放某些数据。

图 4-5 是一个由 D 触发器构成的 4 位数码寄存器，4 个触发器的触发输入端 $D_0 \sim D_3$ 作

为寄存器的数码输入端，$Q_0 \sim Q_3$ 为数据输出端，时钟输入端接在一起作为送数脉冲（CP）控制端。这样，在 CP 的上升沿作用下，可以将4位数码寄存到4个触发器中。

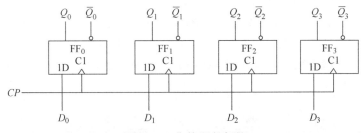

图4-5　4位数码寄存器

需要注意的是，由于触发器为边沿触发，故在送数脉冲 CP 的触发沿到来之前，输入的数码一定要预先准备好，以保证触发器的正常寄存。

集成数码寄存器种类较多，常见的有 4D 触发器（如 74LS175）、6D 触发器（如 74LS174）、8D 触发器（如 74LS374、74LS377）等。

数码寄存器还可以由锁存器构成，锁存器与触发器的区别是：锁存器送数脉冲为一使能信号（电平信号），当使能信号到来时，输出跟随输入数码的变化而变化（相当于输入直接接到输出端）；当使能信号结束时，输出保持使能信号跳变时的状态不变，因此这一类寄存器有时也称为"透明"寄存器。由锁存器组成的寄存器，常见的有 8D 锁存器（如 74LS373），其逻辑符号如图4-6所示。

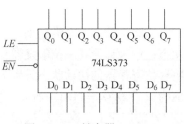

图4-6　8D 锁存器 74LS373

由器件手册可知 74LS373 具有使能（LE）和输出控制（$\overline{EN}$）功能，当输出控制端 $\overline{EN}$ 为高电平时，74LS373 输出呈高阻状态；当输出控制端 $\overline{EN}$ 为低电平且使能端 LE 为高电平时，输入数据便能传输到数据总线上；当输出控制端 $\overline{EN}$ 为低电平且使能端 LE 为低电平时，74LS373 锁存在这之前已建立的数据状态。

4.2.2　移位寄存器

移位寄存器除了具有存储代码的功能以外，还具有移位功能。所谓移位功能，是指寄存器里存放的代码能在移位脉冲的作用下依次左移或右移。

移位寄存器的应用范围很广泛，例如在串行运算器中，需要用移位寄存器把二进制数据一位一位依次送入全加器进行运算，运算的结果又一位一位依次存入移位寄存器中。另外，在有些数字装置中，要将并行传送的数据转换成串行传送，或将串行传送的数据转换成并行传送，要完成这些转换也需要应用移位寄存器。移位寄存器可以通过扫描二维码进行简单了解，具体内容可结合下面内容学习。

根据数码在寄存器中移动情况的不同，可把移位寄存器划分为单向移位寄存器和双向移位寄存器。

1. 单向移位寄存器

单向移位寄存器是指每输入一个移位脉冲，寄存器中的数码可以向左（或向右）移1

位，故单向移位寄存器分为左移移位寄存器和右移移位寄存器。

一般规定右移是向高位移（即数码先移入最低位），左移是向低位移（即数码先移入最高位），而不管看上去的方向如何。

图4-7所示是用4个边沿D触发器组成的单向右移寄存器。其中每个触发器的输出端 Q 依次接到高一位触发器的 D 端，只有第一个触发器 FF_0 的 D 端接收数据。所有触发器的复位端并联在一起作为清零端，时钟端并联在一起作为移位脉冲输入端 CP，所以它是一个同步时序电路。

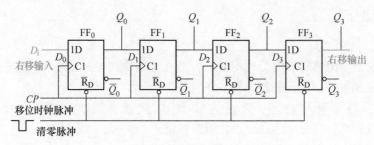

图4-7　由边沿 D 触发器组成的 4 位右移寄存器

每当移位脉冲上升沿到来时，输入数据便一个接一个地依次移入 FF_0，同时每个触发器的状态也依次移给高一位触发器，这种输入方式称为串行输入。设输入的数据为 $D_i = 1011$，先将移位寄存器的初始状态设置为0，即 $Q_0Q_1Q_2Q_3 = 0000$，经过4个移位脉冲后，寄存器状态应为 $Q_0Q_1Q_2Q_3 = 1101$。所以，串行输入数码的顺序依次是从高位到低位，即在 4 个移位脉冲 CP 的作用下依次送入 1、0、1、1。具体说明如下：

首先输入数码1，这时 $D_0 = 1$、$D_1 = Q_0 = 0$、$D_2 = Q_1 = 0$、$D_3 = Q_2 = 0$，则在第一个 CP 上升沿的作用下，FF_0 的状态由0变为1，第一个数码存入 FF_0 中，FF_0 原来的状态 $Q_0 = 0$ 移入 FF_1 中，同时 FF_1、FF_2 和 FF_3 中的数码也都依次向右移了 1 位，这时寄存器的状态为 $Q_0Q_1Q_2Q_3 = 1000$；其次输入次高位数码0，则在第二个 CP 上升沿的作用下，第二个数码存入 FF_0 中，这时 $Q_0 = 0$，FF_0 原来的状态 1 移入 FF_1 中，$Q_1 = 1$，同理 $Q_2 = Q_3 = 0$，这时寄存器的状态为 $Q_0Q_1Q_2Q_3 = 0100$。以此类推，在第三个 CP 上升沿的作用下，$Q_0Q_1Q_2Q_3 = 1010$；在第四个 CP 上升沿的作用下，4 位串行数码全部存入到寄存器中，$Q_0Q_1Q_2Q_3 = 1101$。

移位寄存器中数码的移动情况见表4-2。这时，可以从四个触发器的 Q 端同时输出数码1011，这种输出方式称为并行输出。

若需要将寄存的数据从 Q_3 端依次输出（即串行输出），则只需再输入四个移位脉冲即可，如图4-8所示。因此，可以把图4-7所示的电路称为串行输入/并行输出（串行输出）单向移位寄存器，简称串入/并出（串出）移位寄存器。

表 4-2　移位寄存器中数码的移动情况

移位脉冲 CP	输入数据 D_i	Q_0	Q_1	Q_2	Q_3
0	0	0	0	0	0
1	1	1	0	0	0
2	0	0	1	0	0

（续）

移位脉冲 CP	输入数据 D_i	Q_0	Q_1	Q_2	Q_3
3	1	1	0	1	0
4	1	1	1	0	1
并行输出		1	1	0	1

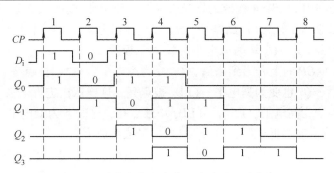

图 4-8　移位寄存器中数码移动过程时序图

移位寄存器的输入也可以采用并行输入方式。图 4-9 所示为一个串行（并行）输入/串行输出的移位寄存器。

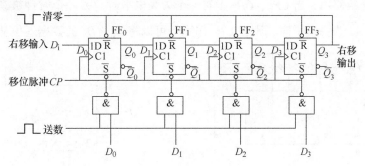

图 4-9　串行（并行）输入/串行输出移位寄存器

在并行输入时，采用了两步接收：第一步先用清零负脉冲把所有触发器清零；第二步利用送数正脉冲打开与非门，通过触发器的直接置位端 S 输入数据。然后，再在移位脉冲作用下进行数码移位。

图 4-10 所示是用 4 个边沿 D 触发器组成的单向左移寄存器，其工作原理和右移寄存器相同，读者可自行分析。

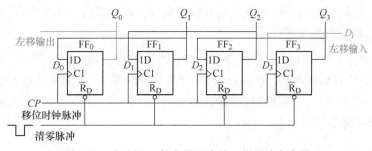

图 4-10　由边沿 D 触发器组成的 4 位左移寄存器

121

74LS164 和 74LS165 是两种常用的单向移位寄存器，其中 74LS164 为串行输入/并行输出 8 位移位寄存器。由器件手册可知它有两个可控制串行数据输入端 A 和 B，当 A 或 B 任意一个为低电平时，则禁止另一串行数据输入，且在时钟端 CP 脉冲上升沿作用下 Q_0^{n+1} 为低电平；当 A 或 B 中有一个为高电平时，则允许另一个串行数据输入，并在 CP 上升沿作用下决定 Q_0^{n+1} 的状态。

图 4-11 所示是利用 74LS164 构成的发光二极管循环点亮/熄灭控制电路。电路中，Q_7 经反相器与串行输入端 A 相连，B 接高电平，R、C 构成微分电路，用于上电复位。

电路接通电源后，$Q_7 \sim Q_0$ 均为低电平，发光二极管 LED$_1$ ~ LED$_8$ 不亮，这时 A 为高电平。当第一个秒脉冲 CP 的上升沿到来后，Q_0 变为高电平，LED$_1$ 被点亮，当第二个秒脉冲 CP 的上升沿到来后，Q_1 也变为高电平，LED$_2$ 被点亮，这样依次进行下去，经过 8 个 CP 上升沿后，$Q_0 \sim Q_7$ 均变为高电平，LED$_1$ ~ LED$_8$ 均被点亮，这时 A 为低电平。同理，再来 8 个 CP 后，$Q_0 \sim Q_7$ 又依次变为低电平，LED$_1$ ~ LED$_8$ 又依次熄灭。

74LS165 为并行（串行）输入/互补串行输出 8 位移位寄存器，数字系统中常用于并行/串行数据转换，转换电路如图 4-12 所示。由器件手册可知：当移位/置数控制端（$SH/\overline{LD}$）为低电平时，并行数据（$D_0 \sim D_7$）被直接置入寄存器，而与时钟（CP_0、CP_1）及串行数据（D_S）的状态均无关；当 $SH/\overline{LD}$ 为高电平时，并行置数功能被禁止。CP_0 和 CP_1 在功能上是等价的，可以交换使用，当 CP_0、CP_1 中有一个为高电平时，另一个时钟被禁止。当 CP_0 为低电平并且 $SH/\overline{LD}$ 为高电平时，则在 CP_1 作用下可以将 $D_0 \sim D_7$ 的数据逐位从 Q_7 端输出。

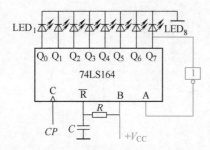

图 4-11　发光二极管循环点亮/熄灭控制电路

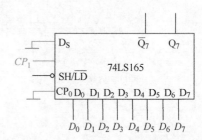

图 4-12　8 位并行/串行转换电路

使用并行/串行数据转换方式输出信号的优点是可以节省传输线，此优点在长距离传输信号时尤为突出。

2. 双向移位寄存器

由上面讨论的单向移位寄存器工作原理可知，右移位寄存器和左移位寄存器的电路结构是基本相同的，若适当加入一些控制电路和控制信号，就可以将右移位寄存器和左移位寄存器合在一起，构成双向移位寄存器。

图 4-13 所示为 4 位双向移位寄存器 74LS194 的逻辑符号和引脚排列图。图中 $\overline{CR}$ 为清零端，$D_0 \sim D_3$ 为并行数据输入端，$Q_0 \sim Q_3$ 为并行数据输出端，CP 为移位脉冲输入端，D_{SL} 为左移串行数码输入端，D_{SR} 为右移串行数码输入端，M_1 和 M_0 为工作方式控制端。

74LS194 的功能表见表 4-3。

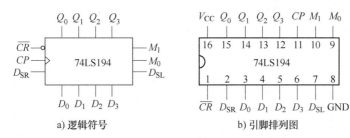

a) 逻辑符号　　　　　　b) 引脚排列图

图 4-13　74LS194 的逻辑符号和引脚排列图

表 4-3　74LS194 的功能表

CP	$\overline{CR}$	M_1	M_0	D_{SR}	D_{SL}	D_0	D_1	D_2	D_3	Q_0^{n+1}	Q_1^{n+1}	Q_2^{n+1}	Q_3^{n+1}	功能说明
×	0	×	×	×	×	×	×	×	×	0	0	0	0	清零
×	1	0	0	×	×	×	×	×	×	Q_0^n	Q_1^n	Q_2^n	Q_3^n	保持
0	1	×	×	×	×	×	×	×	×	Q_0^n	Q_1^n	Q_2^n	Q_3^n	保持
↑	1	1	1	×	×	D_0	D_1	D_2	D_3	D_0	D_1	D_2	D_3	并行输入
↑	1	0	1	D_{SR}	×	×	×	×	×	D_{SR}	Q_0^n	Q_1^n	Q_2^n	右移输入
↑	1	1	0	×	D_{SL}	×	×	×	×	Q_1^n	Q_2^n	Q_3^n	D_{SL}	左移输入

由表 4-3 可知，74LS194 的主要功能如下：

（1）清零功能　当 $\overline{CR}=0$ 时，$Q_0 \sim Q_3$ 为 0 态，移位寄存器异步清零。

（2）保持功能　当 $\overline{CR}=1$、$M_1 M_0 = 00$ 或 $\overline{CR}=1$、$CP=0$ 时，移位寄存器保持原来的状态不变。

（3）并行置数功能　当 $\overline{CR}=1$、$M_1 M_0 = 11$ 时，在 CP 上升沿作用下，数码 $D_0 \sim D_3$ 被并行送入寄存器，使 $Q_0^{n+1} Q_1^{n+1} Q_2^{n+1} Q_3^{n+1} = D_0 D_1 D_2 D_3$，即同步并行输入。

（4）右移串行输入功能　当 $\overline{CR}=1$、$M_1 M_0 = 01$ 时，在 CP 上升沿作用下，执行右移功能，D_{SR} 端输入的数码依次送入寄存器。

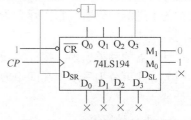

图 4-14　八进制扭环形计数器

（5）左移串行输入功能　当 $\overline{CR}=1$、$M_1 M_0 = 10$ 时，在 CP 上升沿作用下，执行左移功能，D_{SL} 端输入的数码依次送入寄存器。

图 4-14 所示为由双向移位寄存器 74LS194 构成的扭环形计数器。设双向移位寄存器的初始状态为 $Q_0 Q_1 Q_2 Q_3 = 0000$，由图 4-14 可以看出，在 CP 上升沿作用下，执行右移操作，状态变化情况见表 4-4。

表 4-4　八进制扭环形计数器状态转换表

CP 脉冲顺序	Q_0	Q_1	Q_2	Q_3
0	0	0	0	0
1	1	0	0	0
2	1	1	0	0

（续）

CP 脉冲顺序	Q_0	Q_1	Q_2	Q_3
3	1	1	1	0
4	1	1	1	1
5	0	1	1	1
6	0	0	1	1
7	0	0	0	1
8	0	0	0	0

由表4-4可以看出，经过8个移位脉冲后，电路返回初始状态 $Q_0Q_1Q_2Q_3 = 0000$，所以该电路为八进制扭环形计数器。

利用移位寄存器构成扭环形计数器有一定的规律，如4位移位寄存器的第三个输出 Q_2 通过非门加到 D_{SR} 端上，便可构成六（$2 \times 3 = 6$）进制扭环形计数器。当移位寄存器的第 N 个输出通过非门加到 D_{SR} 端时，便可构成 $2N$ 进制扭环形计数器，即偶数分频。如果将移位寄存器的第 $N-1$ 个和第 N 个输出通过与非门加到 D_{SR} 端时，便可构成 $2N-1$ 进制扭环形计数器，即奇数分频。图4-15所示为由74LS194构成的七进制扭环形计数器。

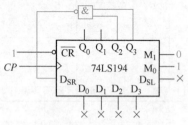

图4-15　七进制扭环形计数器

4.3　计数器

计数器是应用最为广泛的时序逻辑电路，它不仅可用来对脉冲计数，而且还常用于数字系统的定时、延时、分频及构成节拍脉冲发生器等。

计数器累计输入脉冲的最大数目称为计数器的"模"，用 M 表示。如 $M = 10$ 的计数器，又称为十进制计数器，它实际上为计数器的有效循环状态数。计数器的"模"又称为计数器的容量或计数长度。

计数器的种类繁多，按计数长度可分为二进制、十进制及 N 进制计数器。按计数脉冲的引入方式可分为异步型和同步型计数器两类。按计数的增减趋势可分为加法、减法及可逆计数器。

4.3.1　异步计数器

异步计数器是指计数脉冲没有加到所有触发器的 CP 端，只作用于某些触发器的 CP 端。当计数器脉冲到来时，各触发器的翻转时刻不同，所以，在分析异步计数器时，要特别注意各触发器翻转所对应的有效时钟条件。异步计数器可以通过扫描二维码进行简单了解，具体内容可结合下面内容学习。

1. 异步二进制计数器

异步二进制计数器是计数器中最基本、最简单的电路，它一般由 T′ 型（计数型）触发器连接而成，计数脉冲加到最低位触发器的 CP 端，其他各级触发器由相邻低位触发器的输出状态变化来触发。

（1）异步二进制加法计数器　图 4-16 是利用 3 个下降沿触发的 JK 触发器构成的异步 3 位二进制加法计数器，JK 触发器的 J、K 输入端均接高电平，具有 T' 触发器的功能。计数脉冲 CP 加至最低位触发器 FF_0 的时钟端，低位触发器的 Q 端依次接到相邻高位触发器的时钟端，因此它是一个异步计数器。

计数前，使电路处于 $Q_2Q_1Q_0 = 000$ 状态。电路工作时，每输入一个 CP 脉冲，FF_0 的状态翻转计数一次，而高位触发器是在其相邻的低位触发器从 1 态变为 0 态时进行翻转计数的，如 FF_1 是在 Q_0 由 1 态变为 0 态时翻转，FF_2 是在 Q_1 由 1 态变为 0 态时翻转。

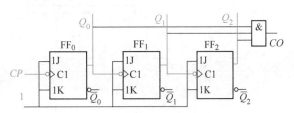

图 4-16　由 JK 触发器构成的异步 3 位二进制加法计数器

根据以上分析，不难画出该计数器的状态转换表，见表 4-5。由表 4-5 可见，图 4-16 所示电路每来一个计数脉冲，计数器的状态加 1，所以它是一个 3 位二进制加法计数器。

表 4-5　3 位二进制加法计数器的状态转换表

计数脉冲 CP 序号	计数器状态			进位 CO
	Q_2	Q_1	Q_0	
0	0	0	0	0
1	0	0	1	0
2	0	1	0	0
3	0	1	1	0
4	1	0	0	0
5	1	0	1	0
6	1	1	0	0
7	1	1	1	1
8	0	0	0	0

图 4-16 所示异步 3 位二进制加法计数器的时序图如图 4-17 所示。由图 4-17 所示的时序波形还可看出：Q_0 的频率只有 CP 的 1/2，Q_1 的频率只有 CP 的 1/4（$1/2^2$），Q_2 的频率为 CP 的 1/8（$1/2^3$），即计数脉冲每经过一级触发器，输出脉冲的频率就减小 1/2，因此，计数器还具有分频功能。由 n 个触发器构成的二进制计数器，其末级触发器输出脉冲频率为 CP 的 $1/2^n$，即实现对 CP 的 2^n 分频。

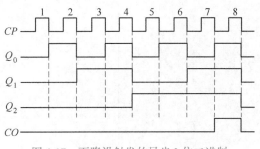

图 4-17　下降沿触发的异步 3 位二进制加法计数器的时序图

上述异步 3 位二进制加法计数器也可采用上升沿 D 触发器来构成，如图 4-18 所示。

图中各 D 触发器连成 T′型，需要注意的是，上升沿触发时高位触发器的时钟端接相邻低位触发器的 $\overline{Q}$ 端。

上升沿触发的异步 3 位二进制加法计数器时序图如图 4-19 所示，读者可自行分析。

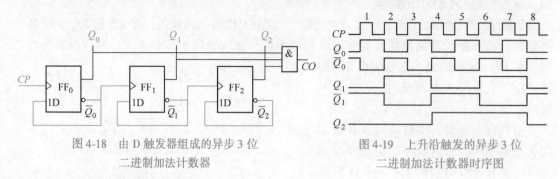

图 4-18 由 D 触发器组成的异步 3 位
二进制加法计数器

图 4-19 上升沿触发的异步 3 位
二进制加法计数器时序图

（2）异步二进制减法计数器 图 4-20 所示电路为下降沿触发的异步 3 位二进制减法计数器。JK 触发器连成 T′型，计数脉冲 CP 加至最低位触发器的时钟控制端，低位触发器的 $\overline{Q}$ 端依次接到相邻高位触发器的时钟端。

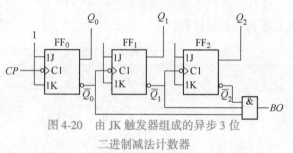

图 4-20 由 JK 触发器组成的异步 3 位
二进制减法计数器

计数前，使电路处于 $Q_2 Q_1 Q_0 = 000$ 状态。当在 CP 端输入第一个减法计数脉冲时，FF_0 由 0 状态翻转到 1 状态，$\overline{Q}_0$ 输出一个负跃变的信号，使 FF_1 由 0 状态翻转到 1 状态，$\overline{Q}_1$ 输出一个负跃变的信号，使 FF_2 由 0 状态翻转到 1 状态，这样，计数器翻转到 $Q_2 Q_1 Q_0 = 111$ 状态。当在 CP 端输入第二个减法计数脉冲时，计数器的状态为 $Q_2 Q_1 Q_0 = 110$。不难分析，当不断送入计数脉冲 CP 时，电路的状态转换情况见表 4-6。

表 4-6 3 位二进制减法计数器状态转换表

计数脉冲 CP 序号	计数器状态			借位 BO
	Q_2	Q_1	Q_0	
0	0	0	0	0
1	1	1	1	0
2	1	1	0	0
3	1	0	1	0
4	1	0	0	0
5	0	1	1	0
6	0	1	0	0
7	0	0	1	0
8	0	0	0	1

图 4-21 所示为异步 3 位二进制减法计数器的时序图。

由特性表和时序图可以看出，减法计数器的计数特点是：每输入一个 CP，$Q_2Q_1Q_0$ 的计数状态就减 1，当输入 8 个计数脉冲 CP 后，$Q_2Q_1Q_0$ 减小到 000，同时给出一个借位脉冲。

同理，异步二进制减法计数器也可由上升沿触发的 D 触发器组成，读者可自行分析。需要注意的是，上升沿触发时高位触发器的时钟端接相邻低位触发器的 Q 端。

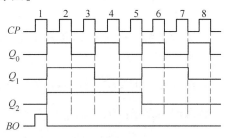

图 4-21　下降沿触发的异步 3 位二进制减法计数器时序图

2. 异步十进制计数器

十进制数的编码方式很多，因此其计数器的种类也很多，但其读出结果都是 BCD 码，所以十进制计数器也称为二-十进制计数器。常见的 BCD 码有 8421BCD 码、2421BCD 码、5421BCD 码、余 3 码等。本节只讨论 8421BCD 码的十进制计数器。

异步十进制计数器通常是在二进制计数器的基础上，通过脉冲反馈（反馈复位）或阻塞反馈（电位阻塞）法消除多余状态（无效状态）后实现的，且一旦电路误入无效状态后，它应具有自启动性能。所谓的自启动是指若计数器由于某种原因进入无效状态，则在连续时钟脉冲作用下，能自动地从无效状态跳回到有用计数状态（有效状态）。

图 4-22 所示是由 4 个 D 触发器构成的 8421BCD 码阻塞反馈式异步十进制加法计数器，且该电路具有自启动和向高位计数器进位的功能，下面分析其计数原理。

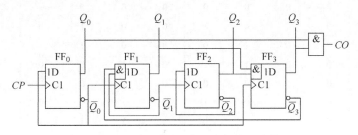

图 4-22　8421BCD 码异步十进制加法计数器

由图可知，在 FF$_3$ 触发器翻转前，即从 0000 起到 0111 为止，$\overline{Q}_3 = 1$，FF$_0$ ~ FF$_2$ 的翻转情况与 3 位二进制加法计数器相同，此处不再赘述。

当经过七个计数脉冲 CP 后，FF$_3$ ~ FF$_0$ 的状态为 0111 时，$Q_2 = Q_1 = 1$，使 FF$_3$ 的 D 输入端（$D_3 = Q_1Q_2$）为 1，为 FF$_3$ 由 0 态变为 1 态准备了条件。

等到第八个计数脉冲 CP 输入后，FF$_0$ ~ FF$_2$ 均由 1 态变为 0 态，FF$_3$ 由 0 态变为 1 态，即四个触发器的状态变为 1000。此时 $Q_3 = 1$，$\overline{Q}_3 = 0$，因 $\overline{Q}_3$ 与 D_1 端相连，起阻塞作用，导致下一次由 FF$_0$ 来的正脉冲（$\overline{Q}_0$ 由 0 变为 1 时）不能使 FF$_1$ 翻转。

当第九个计数脉冲到来后，计数器的状态为 1001，同时进位端 CO 由 0 变为 1。

当第十个计数脉冲到来后，$\overline{Q}_0$ 产生正跳变（由 0 变为 1），由于 $\overline{Q}_3 = 0$ 的阻塞作用，FF$_1$ 不翻转，但 $\overline{Q}_0$ 能直接触发 FF$_3$，使 Q_3 由 1 变为 0，从而使 4 个触发器跳过 1010 ~ 1111 六个状态而复位到原始状态 0000，同时进位端 CO 由 1 变为 0，产生一个负跳变，向高位计数器发出进位信号，这样便实现了十进制加法计数功能。

该电路的逻辑功能也可以采用下述时序逻辑电路的一般分析方法来分析。

（1）写方程　由图 4-22 可写出电路的输出方程、驱动方程和状态转换方程。

输出方程：$CO = Q_3^n Q_0^n$

驱动方程：$D_0 = \overline{Q_0^n}$　$D_1 = \overline{Q_3^n}\ \overline{Q_1^n}$　$D_2 = \overline{Q_2^n}$　$D_3 = Q_2^n Q_1^n$

状态转换方程：$Q_0^{n+1} = D_0 = \overline{Q_0^n}$　　　　（CP 上升沿有效）

$\quad\quad\quad\quad\quad\quad Q_1^{n+1} = D_1 = \overline{Q_3^n}\ \overline{Q_1^n}$　　（$\overline{Q_0}$ 上升沿有效）

$\quad\quad\quad\quad\quad\quad Q_2^{n+1} = D_2 = \overline{Q_2^n}$　　　　（$\overline{Q_1}$ 上升沿有效）

$\quad\quad\quad\quad\quad\quad Q_3^{n+1} = D_3 = Q_2^n Q_1^n$　　（$\overline{Q_2}$ 上升沿有效）

（2）列状态转换表　设计数器的初始状态为 $Q_3^n Q_2^n Q_1^n Q_0^n = 0000$，代入输出方程和状态转换方程，可得出图 4-22 所示电路的状态转换表，见表 4-7。

（3）逻辑功能描述　由表 4-7 可见，图 4-22 所示电路在输入第十个计数脉冲后返回初始的 0000 状态，同时，进位输出端 CO 向高位输出一个进位信号。因此，图 4-22 所示电路为异步十进制加法计数器。

表 4-7　8421BCD 码异步十进制加法计数器状态转换表

计数脉冲 CP 序号	现　态				次　态				进位 CO	说明
	Q_3^n	Q_2^n	Q_1^n	Q_0^n	Q_3^{n+1}	Q_2^{n+1}	Q_1^{n+1}	Q_0^{n+1}		
0	0	0	0	0	0	0	0	1	0	
1	0	0	0	1	0	0	1	0	0	
2	0	0	1	0	0	0	1	1	0	
3	0	0	1	1	0	1	0	0	0	
4	0	1	0	0	0	1	0	1	0	有效循环
5	0	1	0	1	0	1	1	0	0	
6	0	1	1	0	0	1	1	1	0	
7	0	1	1	1	1	0	0	0	0	
8	1	0	0	0	1	0	0	1	0	
9	1	0	0	1	0	0	0	0	1	
0	1	0	1	0	1	0	1	1	0	
1	1	0	1	1	1	1	0	0	1	
0	1	1	0	0	1	1	0	1	0	有自启能力
1	1	1	0	1	1	1	1	0	1	
0	1	1	1	0	1	1	1	1	0	
1	1	1	1	1	0	0	0	0	1	

（4）画状态转换图和时序图　根据表 4-7 可画出图 4-23 所示的状态转换图。圆圈内表示电路的一个状态，箭头表示电路状态的转换方向。图 4-24 所示为根据表 4-7 画出的时序图。

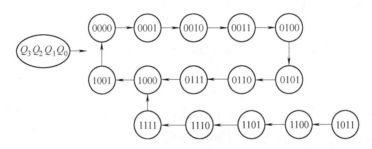

图 4-23　8421BCD 码异步十进制加法计数器状态转换图

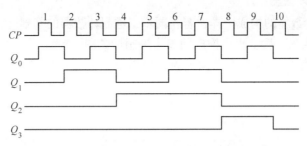

图 4-24　8421BCD 码异步十进制加法计数器时序图

（5）检查电路的自启动能力　电路有六个无效状态，依次代入状态方程后可得 1111，再将其代入状态方程中进行计算后得 1000，为有效状态，故电路有自启能力。

异步计数器的主要优点是电路结构简单，但由于构成计数器的各触发器翻转时刻不同，因而工作速度低。若将计数器的状态译码输出，容易产生过渡干扰脉冲，出现差错，这是异步计数器的缺点。

4.3.2　同步计数器

同步计数器是将输入计数脉冲同时加到各触发器的时钟输入端，使各触发器在计数脉冲到来时同时翻转。

1. 同步二进制计数器

同步二进制计数器一般由 T 触发器构成。图 4-25 所示是一个由 3 个 JK 触发器构成的同步 3 位二进制加法计数器，CP 是输入的计数脉冲。下面分析其工作原理。

由图 4-25 可以看出，对于最低位的 FF_0 触发器，每输入一个计数脉冲，其输出状态翻转一次；对于 FF_1 触发器，只有当 FF_0 为 1 态时，在下一个计数脉冲下降沿到来时才进行状态翻转；对于触发器 FF_2，只有在 FF_0、FF_1 全为 1 态时，在下一个计数脉冲下降沿到来时才进行状态翻转。

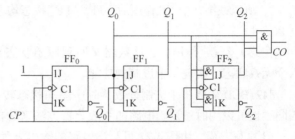

图 4-25　由 JK 触发器构成的同步 3 位二进制加法计数器

由上述分析不难画出其时序图，如图 4-26 所示，其状态转换表与表 4-7 相同。

综上所述，可得到同步二进制加法计数器中各触发器的翻转条件：

1）最低位触发器每输入一个计数脉冲翻转一次。

2）其他各触发器都是在其所有低位触发器的输出端 Q 全为 1 时，在下一个时钟脉冲触发沿到来时状态改变一次。

若将图 4-25 所示的加法计数器中的 J、K 端由原来接低位触发器的 Q 端改为接 $\overline{Q}$ 端，就构成了同步二进制减法计数器，读者可自行分析。

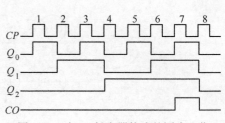

图 4-26　由 JK 触发器构成的同步 3 位二进制加法计数器时序图

2. 同步十进制计数器

和异步十进制计数器的构成一样，若在同步二进制计数器的基础上，通过阻塞反馈法扣除多余状态（无效状态）后，也可构成同步十进制计数器。

图 4-27 所示是由 4 个 JK 触发器构成的 8421BCD 码阻塞反馈式同步十进制加法计数器，下面分析其计数原理。

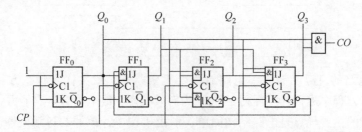

图 4-27　由 JK 触发器构成的 8421BCD 码同步十进制加法计数器

当触发器 FF_3 状态为 0 即 $Q_3 = 0$ 时，FF_1 的输入取决于 Q_0，FF_2 的输入取决于 $Q_0 Q_1$，这样由 $FF_0 \sim FF_2$ 构成一个同步 3 位二进制计数器，其工作原理如前所述。

经过七个计数脉冲后，计数器的状态从 0000 计到 0111。这时，$J_3 = K_3 = 1$，为 FF_3 由 0 态变为 1 态准备了条件。

在第八个计数脉冲作用后，FF_3 由 0 态变为 1 态，同时 $FF_0 \sim FF_2$ 均由 1 态变为 0 态，此时计数器状态为 1000。

此时，除 FF_0 外，因 $\overline{Q}_3 = 0$ 加到 FF_1 的 J_1 输入端（起到阻塞作用），同时 $J_2 = K_2 = 0$、$J_3 = K_3 = 0$，所以在第九个 CP 作用后，$FF_1 \sim FF_3$ 状态均不变，此时计数器状态为 1001，同时 $J_3 = 0$、$K_3 = 1$。

在第十个 CP 作用后，计数器又回到原始状态 0000，这样，计数器便跳过 1010 ~ 1111 六个无效状态，实现了十进制的功能。

8421BCD 码同步十进制计数器时序图和状态转换表与 8421BCD 码异步十进制计数器的相同，也可以用时序逻辑电路的一般分析方法来分析。

（1）写方程　由图 4-27 可写出电路的输出方程、驱动方程和状态转换方程。

输出方程：　　　　　　　$CO = Q_3^n Q_0^n$

驱动方程：　　　　　　　$J_0 = K_0 = 1$

$$J_1 = \overline{Q_3^n} Q_0^n \quad K_1 = Q_0^n$$

$$J_2 = K_2 = Q_1^n Q_0^n$$

$$J_3 = Q_2^n Q_1^n Q_0^n \quad K_3 = Q_0^n$$

状态转换方程：
$$Q_0^{n+1} = J_0 \overline{Q_0} + \overline{K_0} Q_0^n = \overline{Q_0^n}$$

$$Q_1^{n+1} = J_1 \overline{Q_1^n} + \overline{K_1} Q_1^n = \overline{Q_3^n} Q_0^n \overline{Q_1^n} + \overline{Q_0^n} Q_1^n$$

$$Q_2^{n+1} = J_2 \overline{Q_2^n} + \overline{K_2} Q_2^n = Q_1^n Q_0^n \overline{Q_2^n} + \overline{Q_1^n Q_0^n} Q_2^n$$

$$Q_3^{n+1} = J_3 \overline{Q_3^n} + \overline{K_3} Q_3^n = Q_2^n Q_1^n Q_0^n \overline{Q_3^n} + \overline{Q_0^n} Q_3^n$$

（2）列状态转换表　设计数器的初始状态为 $Q_3^n Q_2^n Q_1^n Q_0^n = 0000$，代入输出方程和状态转换方程，可得出图 4-27 所示电路的状态转换表与异步十进制计数器的相同，见表 4-7。

（3）逻辑功能描述　由表 4-7 可见，图 4-27 所示电路在输入第十个计数脉冲后返回初始的 0000 状态，同时，进位输出端 CO 向高位输出一个进位信号。因此，图 4-27 所示电路为同步十进制加法计数器。

与异步计数器相比，同步计数器的计数脉冲 CP 是同时触发计数器中的全部触发器，各触发器的翻转与 CP 同步，所以工作速度较快，工作频率较高。

4.3.3 集成计数器

前面介绍的二进制计数器和十进制计数器是组成各种中规模集成计数器的基础。所谓的中规模集成计数器，就是将整个计数器电路全部集成在一块芯片上，为了增强集成计数器的能力，一般通用中规模集成计数器设有更多的附加功能，使用也更为方便。下面具体介绍几种集成计数器。

1. 集成同步计数器

（1）74LS160～74LS163　74LS160～74LS163 是一组可预置数的同步计数器，在计数脉冲上升沿作用下进行加法计数，它们的逻辑符号和引脚排列完全相同，如图 4-28 所示。集成计数器 74LS160～74LS163 的使用可以通过扫描二维码进行简单了解，具体内容可结合下面内容学习。

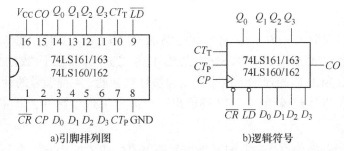

图 4-28　74LS160/161/162/163 的引脚排列图及逻辑符号

74LS161 和 74LS163 是 4 位二进制加法计数器，所不同的是在清零方式上：74LS161 是异步清零，74LS163 是同步清零。74LS160 和 74LS162 是十进制加法计数器，也在清零方式上有所不同：74LS160 是异步清零，74LS162 是同步清零。

74LS161 的功能表见表 4-8，74LS163 的功能表与表 4-8 类似，只是同步清零。

表4-8　74LS161 的功能表

$\overline{CR}$	$\overline{LD}$	CT_P	CT_T	CP	D_3	D_2	D_1	D_0	Q_3	Q_2	Q_1	Q_0	功能说明
0	×	×	×	×	×	×	×	×	0	0	0	0	异步清零
1	0	×	×	↑	D_3	D_2	D_1	D_0	D_3	D_2	D_1	D_0	同步预置数
1	1	1	1	↑	×	×	×	×	计数				$CO = Q_3Q_2Q_1Q_0$
1	1	0	×	×	×	×	×	×	保持				
1	1	×	0	×	×	×	×	×	保持				

74LS160 的功能表见表4-9，74LS162 的功能表与表 4-9 类似，只是同步清零。

表4-9　74LS160 的功能表

$\overline{CR}$	$\overline{LD}$	CT_P	CT_T	CP	D_3	D_2	D_1	D_0	Q_3	Q_2	Q_1	Q_0	功能说明
0	×	×	×	×	×	×	×	×	0	0	0	0	异步清零
1	0	×	×	↑	D_3	D_2	D_1	D_0	D_3	D_2	D_1	D_0	同步预置数
1	1	1	1	↑	×	×	×	×	计数				$CO = Q_3Q_0$
1	1	0	×	×	×	×	×	×	保持				
1	1	×	0	×	×	×	×	×	保持				

由表4-8 和表4-9 可以归纳出，集成计数器 74LS160 ~ 74LS163 的主要功能如下：

1）清零功能。74LS160 和 74LS161 为异步清零，即当清零端 $\overline{CR}$ 为低电平时，不管 CP 脉冲状态如何，即可完成清零功能；74LS162 和 74LS163 为同步清零，即当清零端 $\overline{CR}$ 为低电平时，在 CP 脉冲上升沿作用下，才能完成清零功能。

2）同步并行预置数功能。4 种型号的计数器均有 4 个预置并行数据输入端（D_3 ~ D_0），当预置控制端 $\overline{LD}$ 为低电平时，在计数脉冲 CP 上升沿作用下，将放置在预置数并行输入端 D_3 ~ D_0 的数据置入计数器，即 $Q_3Q_2Q_1Q_0 = D_3D_2D_1D_0$；当 $\overline{LD}$ 为高电平时，则禁止预置数。

3）计数功能。当 $\overline{CR} = \overline{LD} = 1$，且计数控制端 $CT_T = CT_P = 1$ 时，在 CP 上升沿作用下 Q_3 ~ Q_0 同时变化，74LS161 和 74LS163 完成 4 位二进制加法计数功能，74LS160 和 74LS162 按照 8421BCD 码的规律完成十进制加法计数功能。4 种型号的计数器均有一个进位输出端（CO），当计数溢出时，CO 端输出一个高电平进位脉冲，其宽度为 Q_0 的高电平部分。

4）保持功能。当 $\overline{CR} = \overline{LD} = 1$，且计数控制端当 CT_T 或 CT_P 中有一个为低电平时，计数器保持原来的状态不变。

（2）74LS192 和 74LS193　74LS192 和 74LS193 为可预置数同步加减可逆计数器，它们的逻辑符号和引脚排列完全相同，如图 4-29 所示。其中 74LS193 是 4 位二进制计数器，74LS192 是 8421BCD 码十进制计数器。74LS192 和 74LS193 采用双时钟的逻辑结构，加计数和减计数具有各自的时钟通道，计数方向由时钟脉冲进入的通道来决定。

74LS192 的功能表见表 4-10，74LS193 的功能表与表 4-10 类似，但 $CO = Q_3Q_2Q_1Q_0\overline{CP_U}$。

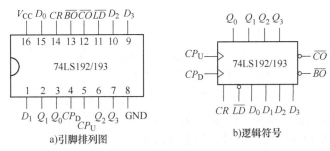

a)引脚排列图　　　　　　　　　b)逻辑符号

图4-29　74LS192/193 的引脚排列图及逻辑符号

表4-10　74LS192 的功能表

CR	$\overline{LD}$	CP_U	CP_D	D_3	D_2	D_1	D_0	Q_3	Q_2	Q_1	Q_0	功能说明
1	×	×	×	×	×	×	×	0	0	0	0	异步清零
0	0	×	×	D_3	D_2	D_1	D_0	D_3	D_2	D_1	D_0	异步预置数
0	1	↑	1	×	×	×	×	加计数				$\overline{CO} = \overline{Q_3 Q_0}$
0	1	1	↑	×	×	×	×	减计数				$\overline{BO} = \overline{\overline{Q_3}\,\overline{Q_2}\,\overline{Q_1}\,\overline{Q_0}}$

74LS192 和 74LS193 的主要功能如下:

1) 异步清零功能。当清零端 CR 为高电平时,计数器清零。

2) 异步预置数功能。当预置并行数据控制端 $\overline{LD}$ 为低电平时,不管 CP 状态如何,可将预置数输入端数据 $D_3 \sim D_0$ 置入计数器,即为异步置数;当 $\overline{LD}$ 为高电平时,禁止预置数。

3) 可逆计数。当计数时钟脉冲 CP 加至 CP_U(Up)且 CP_D(Down)为高电平时,在 CP 上升沿作用下进行加计数;当计数时钟脉冲 CP 加至 CP_D 且 CP_U 为高电平时,在 CP 上升沿作用下进行减计数。

4) 具有进位输出端 $\overline{CO}$ 及借位输出端 $\overline{BO}$,计数溢出时该两端出现低电平。

同步计数器往往设有进位(或借位)输出端,故可选用其进位(或借位)输出信号驱动下一级计数器。

(3) 利用集成计数器获得 N 进制计数器　利用集成计数器的清零端或置数控制端可获得 N 进制计数器。图4-30 所示是用反馈清零法构成的十二进制计数器,图4-31 所示是用反馈置数法构成的十三进制计数器。

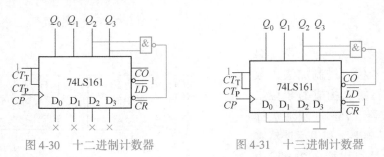

图4-30　十二进制计数器　　　　　　　图4-31　十三进制计数器

1) 利用反馈清零法获得 N 进制计数器。所谓反馈清零法就是在现有集成计数器的有效计数循环中,选取一个中间状态(清零状态)形成一个控制逻辑,去控制集成计数器的清零端，使计数器计数到此状态后即返回零状态重新开始计数，这样就舍弃了一些状态，把计数容量较大的计数器改成了计数容量较小的计数器。

由于集成计数器的清零有异步清零和同步清零两种。异步清零与计数脉冲 CP 没有任何关系，只要异步清零输入端出现清零信号，计数器便立刻被清零。和异步清零不同，同步清零输入端获得清零信号后，计数器并不能立刻被清零，还需要再输入一个计数脉冲 CP 后，计数器才被清零。故在选取 N 进制计数器的清零状态时，采用异步清零方式的芯片，清零状态为 S_N；采用同步清零方式的芯片，清零状态为 S_{N-1}。

74LS161 为异步清零，故构成十二进制计数器时，清零状态为 1100，如图 4-30 所示。

2）利用反馈置数法获得 N 进制计数器。利用计数器的置数功能也可获得 N 进制计数器，这时应先将计数器的起始数据预先置入计数器。集成计数器的置数也有同步置数和异步置数之分。异步置数与计数脉冲 CP 没有任何关系，只要异步置数控制端出现置数信号时，并行输入的数据便立刻被置入计数器相应的触发器中。而同步置数控制端获得置数信号后，仍需再输入一个计数脉冲 CP 才能将预置数置入计数器中。故在选取 N 进制计数器的置数状态时，若预置数据为 0000，采用异步置数方式的芯片，置数状态为 S_N；采用同步置数方式的芯片，清零状态为 S_{N-1}。

74LS161 为同步置数，故构成十三进制计数器时，预置数据为 0000，置数状态为 1100，如图 4-31 所示。

【例 4-2】 试用集成同步 4 位二进制计数器 74LS163 的清零端构成七进制计数器。

解：74LS163 是采用同步清零方式的集成计数器，故构成七进制计数器时，其清零状态为 $S_6 = 0110$，则 $\overline{CR} = \overline{Q_1 Q_2}$，电路如图 4-32 所示。

【例 4-3】 试用 74LS161 的同步置数功能构成十进制计数器，其计数起始状态为 0011。

解：74LS161 是采用同步置数方式的集成计数器，故构成十进制计数器时，其置数状态为 S_9，由于计数起始状态为 $S_0 = 0011$，则 $S_9 = 1100$，同时 $D_3 D_2 D_1 D_0 = 0011$，电路如图 4-33 所示。

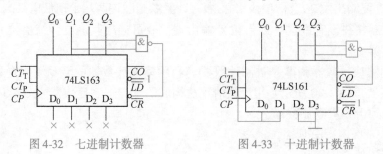

图 4-32 七进制计数器　　图 4-33 十进制计数器

3）集成计数器的级联。图 4-34 所示为由两片 4 位二进制加法计数器 74LS161 串行级联构成的 8 位二进制加法计数器（256 进制加法计数器）。在此基础上，利用反馈清零法或反馈置数法可以构成 256 以内任意进制计数器。

图 4-35 所示是 74LS192 进行串

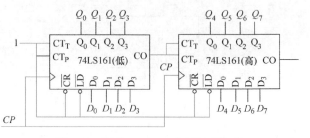

图 4-34 两片 74LS161 串行级联构成
8 位二进制加法计数器

行级联时的电路图。各级的清零端 CR 并接在一起，预置数控制端 $\overline{LD}$ 并接在一起，同时将低位的进位输出端 $\overline{CO}$ 接到高一位的 CP_U，将低位的借位输出端 $\overline{BO}$ 接到高一位的 CP_D。减计数时，一旦计数器的数值减到零，则

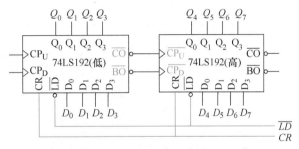

图 4-35　两片 74LS192 串行级联构成 100 进制计数器

$\overline{BO}$ 为低电平，使高位的 CP_D 为低电平，再来一个脉冲，低位 $\overline{BO}$ 恢复为高电平，此上升沿使高位减 1，同时本位由 0000 跳变到 1001，继续进行减计数。加计数时，一旦计数到 1001 时，则 $\overline{CO}$ 为低电平，使高位的 CP_U 为低电平，再来一个脉冲，低位 $\overline{CO}$ 恢复为高电平，此 $\overline{CO}$ 上升沿向高位的 CP_U 送一个进位脉冲，使高位加 1，同时本位跳变到 0000，继续进行加计数。计数器的起始状态可由预置控制端 $\overline{LD}$ 和预置数输入端 $D_3 \sim D_0$ 来设定。

【例 4-4】 试用两片 74LS160 构成一个二十四进制计数器。

解： 由于 74LS160 是采用异步清零的十进制计数器，利用反馈清零法组成一个二十四进制计数器时，清零状态为 $S_{24} = 00100100$，则 $\overline{CR} = \overline{Q_5 Q_2}$，电路如图 4-36 所示。

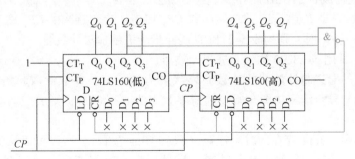

图 4-36　两片 74LS160 构成的二十四进制计数器

2. 集成异步计数器 74LS290

74LS290 为二-五-十进制计数器，其电路结构框图和逻辑符号如图 4-37 所示。在 74LS290 内部有四个触发器，第一个触发器有独立的时钟输入端 CP_0（下降沿有效）和输出端 Q_0，构成二进制计数，其余三个触发器以五进制方式相连，其时钟输入为 CP_1（下降沿有效）、输出端为 Q_1、Q_2、Q_3。

74LS290 的功能表见表 4-11。由该表可看出，它具有如下功能：

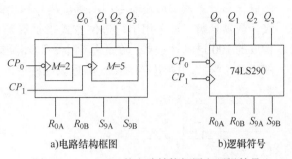

a)电路结构框图　　　　b)逻辑符号

图 4-37　74LS290 的电路结构框图和逻辑符号

表 4-11 74LS290 的功能表

R_{0A}	R_{0B}	S_{9A}	S_{9B}	CP_0	CP_1	Q_3	Q_2	Q_1	Q_0	功能说明
1	1	0	×	×	×	0	0	0	0	异步清零
1	1	×	0	×	×	0	0	0	0	异步清零
0	×	1	1	×	×	1	0	0	1	异步置9
×	0	×	0	↓	0		计数			1位二进制计数
×	0	0	×	0	↓		计数			五进制计数
0	×	×	0	↓	Q_0		计数			8421BCD 码十进制计数
0	×	0	×	Q_3	↓		计数			5421BCD 码十进制计数

（1）异步置 9 功能　当异步置 9 端 $S_{9A}S_{9B}=1$，且 $R_{0A}R_{0B}=0$ 时，计数器置 9，即 $Q_3Q_2Q_1Q_0=1001$。

（2）异步清零功能　当异步清零端 $R_{0A}R_{0B}=1$，且 $S_{9A}S_{9B}=0$ 时，计数器清零，即 $Q_3Q_2Q_1Q_0=0000$。

（3）计数功能　当 $R_{0A}R_{0B}=0$，且 $S_{9A}S_{9B}=0$ 时，即可进行计数，具体方式如下：

1）二进制计数。计数脉冲由 CP_0 输入，从 Q_0 输出时，则构成 1 位二进制计数器。

2）五进制计数。计数脉冲由 CP_1 输入，输出为 $Q_3Q_2Q_1$ 时，则构成异步五进制计数器。

3）8421BCD 码十进制计数。如将 Q_0 和 CP_1 相连，计数脉冲由 CP_0 输入，输出为 $Q_3Q_2Q_1Q_0$ 时，则构成 8421BCD 码异步十进制加法计数器。

4）5421BCD 码十进制计数。如将 Q_3 和 CP_0 相连，计数脉冲由 CP_1 输入，从高位到低位的输出为 $Q_0Q_3Q_2Q_1$ 时，则构成 5421BCD 码异步十进制加法计数器。

【例 4-5】　试用 74LS290 构成七进制计数器。

解：设构成的七进制计数器的计数循环状态为 $S_0 \sim S_6$，并取计数起始状态 $S_0=0000$。由于 74LS290 具有异步清零功能，所以选清零状态为 $S_7=0111$，则 $R_{0A}R_{0B}=Q_2Q_1Q_0$，电路如图 4-38 所示。

在该计数器中，0111 存在的时间很短（只有 10ns 左右），所以可以认为实际出现的计数状态只有 0000～0110 七种，为七进制计数器。但在这里必须注意，虽然 0111 只存在 10ns，但仍有可能对后级电路产生干扰，这是反馈置零法的一大缺点。实际应用时可用 RC 积分电路来吸收这个尖峰干扰。

集成异步计数器一般没有专门的进位信号输出端，通常可以用本级的高位输出信号驱动下一级计数器计数，即采用串行进位方式来扩展容量。图 4-39 所示为由两片 74LS290 串行级联构成的 100 进制计数器。在此基础上，利用反馈清零法可以构成 100 以内任意进制计数器。图 4-40 所示为用两片 74LS290 串行级联构成的二十四进制计数器。

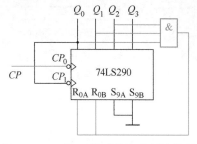

图 4-38　74LS290 构成的七进制计数器

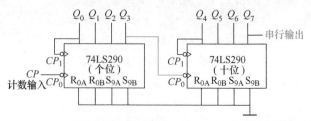

图 4-39　两片 74LS290 串行级联构成的 100 进制计数器

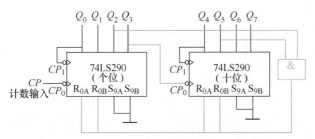

图 4-40　两片 74LS290 串行级联构成的二十四进制计数器

模块 2　相关技能训练

4.4　集成计数器的应用

1. 训练目的

1）学习用集成触发器构成计数器的方法。

2）掌握中规模集成计数器的使用及功能测试方法。

3）运用集成计数器构成 $1/N$ 分频器。

2. 设备与元器件

5V 直流电源、逻辑电平开关、逻辑电平显示器、双踪示波器、连续脉冲器、单次脉冲器、译码显示器、74LS74 ×2、74LS192 ×3、74LS161、CC4011、CC4012。

3. 电路原理

74LS161 是一个集成同步 4 位二进制（十六进制）加法计数器，具有异步清零和同步置数的功能。图 4-41 所示是分别利用反馈清零法和反馈置数法构成的十进制计数器（注意置数状态和清零状态）。

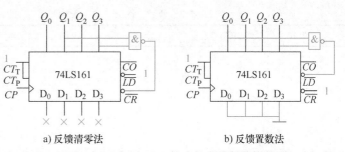

a）反馈清零法　　b）反馈置数法

图 4-41　用 74LS161 构成的十进制计数器

74LS192 是同步十进制可逆计数器，具有双时钟输入，并具有清零和置数等功能。图 4-42 所示是一个特殊的十二进制的计数器电路方案。在数字钟里，对时位的计数序列是 1、2、…11、12、1、…是十二进制的，且无 0 数。图 4-42 中，当计数到 13 时，通过与非门产生一个复位信号，使 74LS192（2）（时十位）直接置成 0000，而 74LS192（1）（时个位）直接置成 0001，从而实现了 1～12 计数。

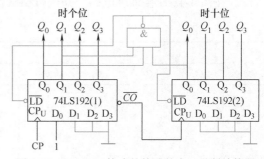

图 4-42　74LS192 构成的特殊的十二进制计数器

4. 训练内容与步骤

1）用74LS74构成一个3位二进制减法计数器，画出电路并连接测试。

2）按图4-43连接训练电路，测试并比较，结果记入表4-12和表4-13，并分别说明是几进制计数器。

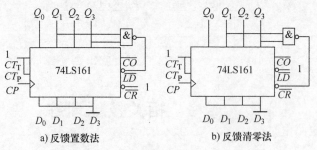

a) 反馈置数法   b) 反馈清零法

图4-43　用74LS161构成的 N 进制计数器

表 4-12

CP	Q_3	Q_2	Q_1	Q_0	CO

表 4-13

CP	Q_3	Q_2	Q_1	Q_0	CO

3）按图4-42连接训练电路，并进行测试，结果记入表4-14。

表 4-14

CP	十位				个位				$\overline{CO}$
	Q_3	Q_2	Q_1	Q_0	Q_3	Q_2	Q_1	Q_0	

4）设计一个六十进制计数器并进行测试，自拟表格记录。

5. 训练总结

1）分析讨论训练中出现的故障及其排除方法。

2）写出训练总结报告。

模块 3　任务的实现

4.5　数字钟计时电路的设计与制作

4.5.1　数字钟计时电路的设计

数字钟的计时电路由时、分、秒计数器构成。要实现秒计数，需设计一个六十进制秒计数器来对秒脉冲信号进行累计；要实现分计数，需设计一个六十进制分计数器；小时的计数采用二十四进制计数器。将标准秒脉冲信号送入秒计数器，每累计60s发出一个进位脉冲信号，该信号作为分计数器的计数控制脉冲。分计数器也采用六十进制计数器，每累计60min，发出一个进位脉冲信号，该信号将被送到时计数器。时计数器采用二十四进制计数器，可以实现一天24h的累计。

方案1：用74LS160实现。

秒和分计数器用两片十进制计数器74LS160实现，它们的个位为十进制，十位为六十进制，这样符合人们通常计数的习惯。时计数器也用两片十进制计数器74LS160实现，只是接成二十四进制。上述计数器均可用反馈清零法来实现，参考电路如图4-44所示。

对于图4-44所示74LS160构成的数字钟计时电路，可能很多同学会提出疑问：为什么要用与非门 D_4 和 D_5，直接从与非门 D_1 和 D_2 的输出端取级联信号不是更简单吗？关于这一点，大家在进行电路调试的时候会发现，在分别调试好时、分、秒计时电路后，如果直接从与非门 D_1 和 D_2 的输出

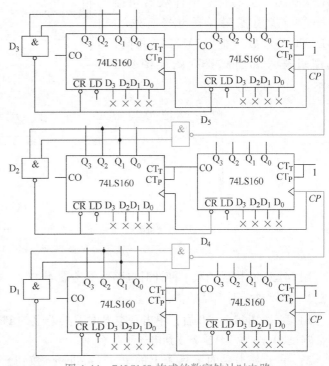

图4-44　74LS160构成的数字钟计时电路

端取级联信号，那么时和分计时电路没有显示，而加入与非门 D_4 和 D_5 后，电路正常工作。这是由于与非门 D_4 和 D_5 增强了下一级 CP 脉冲的驱动能力。所以，在任何情况下，我们都要记住：实践是检验真理的唯一标准，这是马克思主义的一个基本原理。理论设计完美的电路也要经过实践的调试和改进才能达到我们预期的效果。遇到问题要善于思考，积极寻求解

决方案，在解决问题的过程中体验成功的喜悦，并能学习知识，总结经验，而不能消极放弃。

方案2：用74LS290实现。

计时电路也可以用异步的二-五-十进制计数器74LS290（或74LS90/92）实现，由于它们有两个高电平有效的直接置零端R_{0A}和R_{0B}，故在反馈时可省去相应的与非门。参考电路如图4-45所示。

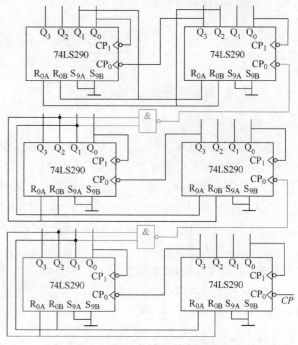

方案3：用74LS390实现。

除了74LS160，其他十进制的计数器也都可以很方便地实现时间计数单元的计数功能。为了减少使用器件的数量，可选用74LS390，该器件为双二-五-十异步计数器，故3块计数器芯片即可实现数字钟的计时电路。74LS390芯片上的每一个计数器均提供一个异步清零端（高电平有效）。74LS390的计数功能与74LS290相同，其逻辑符号和引脚排列图如图4-46所示。

图 4-45　74LS290 构成的数字钟计时电路

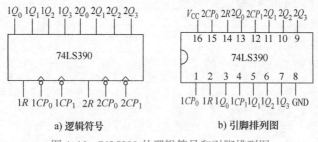

a) 逻辑符号　　　　　　　b) 引脚排列图

图 4-46　74LS390 的逻辑符号和引脚排列图

用74LS390构成的数字钟计时电路可参考图4-47。

4.5.2　数字钟计时电路的仿真

1）启动 Multisim 10 后，单击基本界面工具条上的 Place TTL 按钮，调出 3 片 74LS390、2 片 74LS00、6 片 74LS47 放到电子工作台上。

2）单击基本界面工具条上的 Place Indicator 按钮，调出 6 个共阳极数码管 SEVEN_SED_COM_A 放到电子工作台上。

3）单击基本界面工具条上的 Place Basics 按钮，调出 1 个 25Ω 电阻放到电子工作台上。单击基本界面工具条上的 Place Source 按钮，从中调出电源线和地线放到电子工作台上。

4）将调出器件连成两个六十进制计数器、一个二十四进制计数器，然后连成计时仿真电路（含显示电路部分），如图4-47所示。

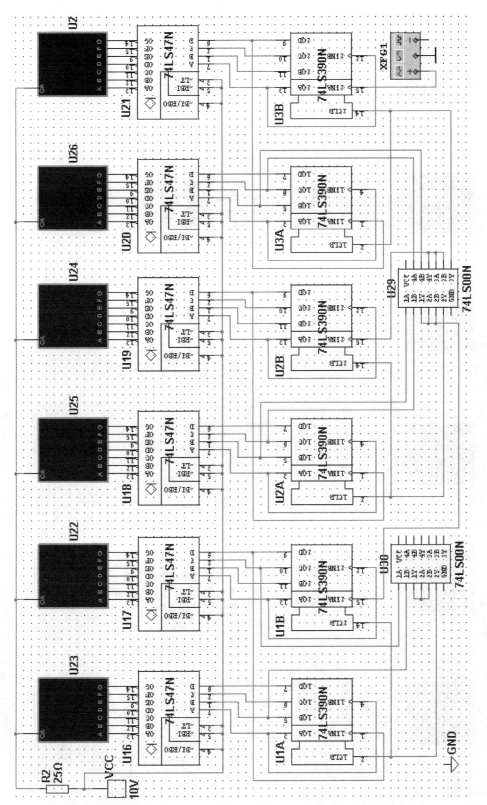

图 4-47　计时电路的仿真

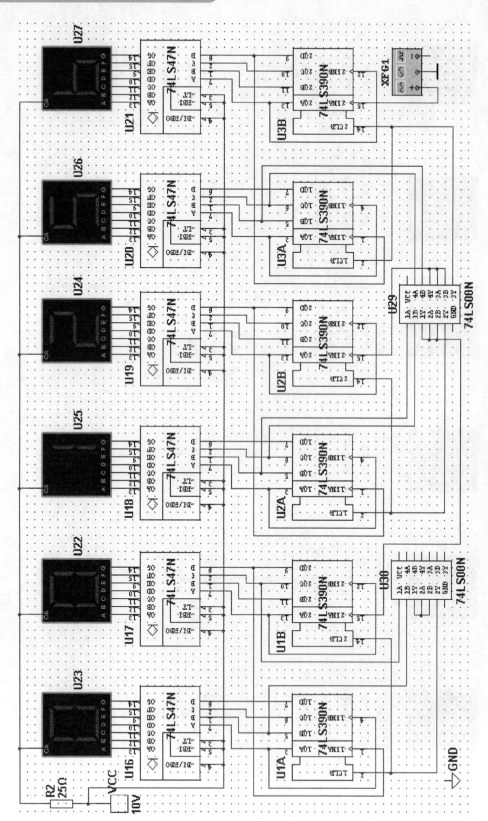

图 4-48 计时电路的仿真结果

5）打开仿真开关开始仿真，仿真结果由显示电路显示出来，如图 4-48 所示。

4.5.3 数字钟计时电路的组装与调试

集成计数器种类繁多，在进行数字钟计时电路设计时，要结合可选择的元器件清单，考虑通用性、经济性、方便性等多种因素。在进行电路连接时要做到布局合理，布线简洁美观，避免短接；现场要做到 6S 管理，做好团队分工与协作。

1）参考图 4-44～图 4-47，选择合适的芯片安装时、分、秒计数器。

2）将秒信号送入秒计数器，检查个位、十位是否按 10s、60s 进位。

3）将秒信号送入分计数器，检查个位、十位是否按 10s、60s 进位。

4）将秒信号送入时计数器，检查是否按 24s 进位。

5）若时、分、秒计数器都正常计数，可在秒计数器 CP 端加入一 10Hz 信号，观察时、分、秒计数器的计数情况。为了便于观察，可将时、分、秒计数器计数的输出端接到任务 3 中完成的译码显示电路上进行调试。

习　题

4-1　分析图 4-49 所示电路的逻辑功能，并画出状态转换图和时序图。

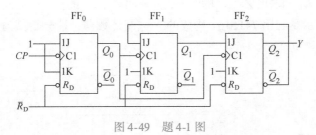

图 4-49　题 4-1 图

4-2　图 4-50 所示电路是由单向移位寄存器构成的环形计数器，试分析其工作原理，并画出状态转换图和时序图，检测能否自启动。

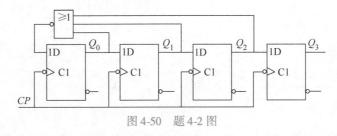

图 4-50　题 4-2 图

4-3　图 4-51 所示移位寄存器中，起始时 $Q_0Q_1Q_2Q_3 = 0101$，输入的数码 $D_i = 1010$，画出电路在 4 个 CP 脉冲作用下，各触发器 Q 端变化的时序图。

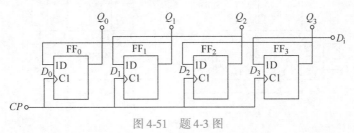

图 4-51　题 4-3 图

4-4 图 4-52 所示电路由 74LS164 和 74LS74 构成，在时钟脉冲作用下，$Q_0 \sim Q_7$ 依次变为高电平。试分析其工作原理，并画出 $Q_0 \sim Q_7$ 的输出波形。

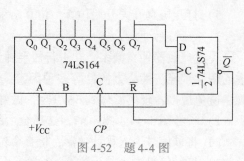

图 4-52 题 4-4 图

4-5 图 4-53a 所示的电路中，设各触发器初始状态均为 0，输入端 A、CP 的波形如图 4-53b 所示。试画出电路中 B、C 点的波形。

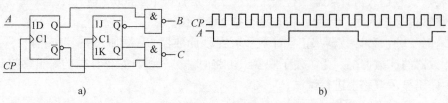

图 4-53 题 4-5 图

4-6 在控制测量技术中得到广泛应用的两相脉冲源电路如图 4-54 所示，试画出在 CP 作用下 Q_0、$\overline{Q_0}$、Q_1、$\overline{Q_1}$ 和输出 Z_1、Z_2 的波形，并说明 Z_1、Z_2 的相位（时间关系）差。

4-7 图 4-55 所示是利用 74LS161 构成的 N 进制计数器，请分析其为几进制计数器。

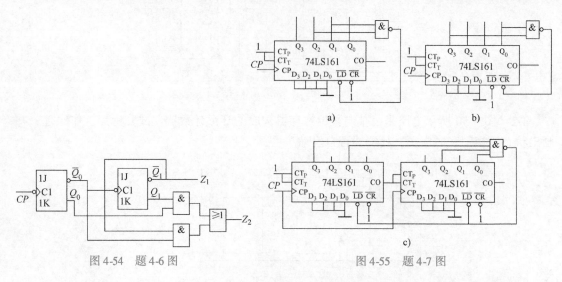

图 4-54 题 4-6 图 图 4-55 题 4-7 图

4-8 图 4-56 所示是利用 74LS160 构成的 N 进制计数器，请分析其为几进制计数器。

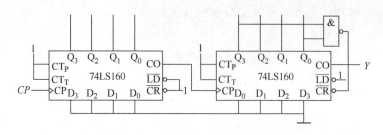

图 4-56 题 4-8 图

4-9　图 4-57 所示是利用 74LS163 构成的 N 进制计数器，请分析其为几进制计数器。

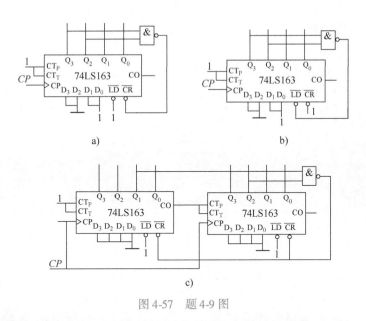

图 4-57　题 4-9 图

4-10　图 4-58 所示是利用 74LS192 构成的 N 进制计数器，请分析其为几进制计数器。

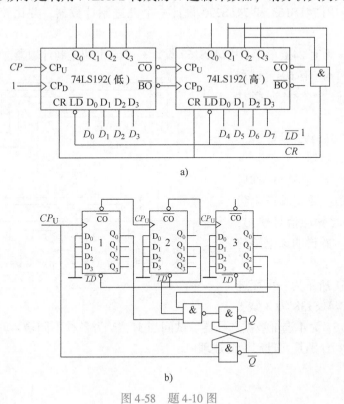

图 4-58　题 4-10 图

4-11　由 74LS290 构成的计数器电路如图 4-59 所示，试分析它们各为几进制计数器。

4-12 图4-60所示是由二-十进制编码器74LS147和同步十进制计数器74LS160所组成的可控分频器（计数器）。试说明当输入控制信号 A、B、C、D、E、F、G、H、I 分别为低电平时，由 Y 输出的脉冲频率是多少。假定 CP 脉冲的频率为10kHz。

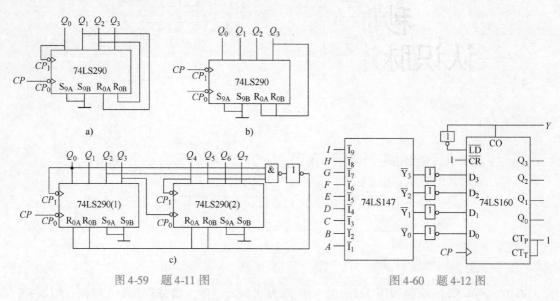

图4-59 题4-11图   图4-60 题4-12图

4-13 分别利用74LS163和74LS290设计一个九进制计数器，并比较哪一个电路性能更好？

4-14 已知一天有24h，试利用74LS160设计一个二十四进制计数器。

4-15 已知1min有60s，试利用74LS160设计一个六十进制计数器。

4-16 试用74LS192设计一个二十五进制加法计数器。

4-17 有一石英晶体，标称振荡频率为32768Hz，要用其产生稳定的秒、分、小时脉冲信号输出，试画出电路框图，并说明该电路的分频过程。

4-18 图4-61所示为一可变进制计数器，其中74LS138为3线-8线译码器，74LS153为4选1数据选择器。试问当 M、N 为各种不同输入时，可组成几种不同进制的计数器？分别是几进制？简述理由。

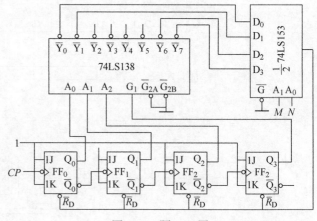

图4-61 题4-18图

任务5
秒脉冲发生器的设计与制作
——认识脉冲信号的产生与变换电路

任务布置

在数字系统中，常用矩形脉冲作为时钟信号（即 *CP* 脉冲），控制和协调整个系统的工作。没有时钟信号的控制，数字系统将产生混乱，如前面介绍的计数器、寄存器都不能正常工作。数字钟电路需要一个脉冲信号，作为计数器的计数控制脉冲。本任务需要制作一个秒脉冲发生器，具体要求如下：

1）由振荡器和分频器构成。

2）能够输出周期为 1s 的矩形脉冲信号，误差不超过 ±0.01s。

3）计数器累计秒脉冲的周期数，从而达到计时的效果。

任务目标

1. 素质目标

1）自主学习能力的养成：完成模块 1 中相关知识点的学习，并能举一反三。

2）职业审美的养成：注意电路布局与连接规范，使电路美观实用。

3）职业意识的养成：注意安全用电和劳动保护，同时注重 6S 的养成和环境保护。

4）工匠精神的养成：专心专注、精益求精要贯穿任务完成始终，不惧失败。

5）社会能力的养成：小组成员间要做好分工协作，注重沟通和能力训练。

2. 知识目标

1）掌握多谐振荡器电路的特点和应用。

2）掌握单稳态触发器电路的特点和应用。

3）掌握施密特触发器电路的特点和应用。

4）掌握 555 定时器的结构、原理及应用。

3. 能力目标

1）能正确使用 555 定时器。

2）能正确使用石英晶体振荡器。

3）能设计和装调秒脉冲发生器电路。

4）学以致用，知行合一

模块 1 　必 备 知 识

脉冲信号是指在瞬间突然变化、作用时间极短的电压或电流。它可能是周期性的，也可能是非周期性或单次的脉冲，一般包括矩形脉冲、锯齿波、尖脉冲、阶梯波、梯形波、方波和断续正弦波等。在数字系统中，常用矩形脉冲作为时钟信号，控制和协调整个系统的工作。矩形脉冲的产生通常有两种方法，一种是利用振荡电路直接产生所需要的矩形脉冲，这种方式不需要外加触发信号，只需要电路和直流电源，这种电路称为多谐振荡电路；另一种则是通过各种整形电路，把已有的周期性变化的波形变换为符合要求的矩形脉冲，电路自身不能产生脉冲信号，这类电路包括单稳态触发器和施密特电路。

5.1　多谐振荡器

多谐振荡器没有稳定的状态，只具有两个暂稳态，在自身因素的作用下，电路在两个暂稳态之间来回转换，因此它不需外加触发信号便能产生一系列矩形脉冲。

多谐振荡器在数字系统中常用作矩形脉冲源，作为时序电路的时钟信号。所谓的多谐，是指电路所产生的矩形脉冲中含有许多高次谐波。

多谐振荡器电路种类很多，下面是三种不同形式的多谐振荡器。

5.1.1　门电路构成的多谐振荡器

1. 对称式多谐振荡器

图 5-1 所示是由门电路构成的对称式多谐振荡器。D_1 和 D_2 是两个反相器。C_1 和 C_2 是两个耦合电容，$C_1 = C_2 = C$，R_{F1} 和 R_{F2} 是两个反馈电阻，且 $R_{F1} = R_{F2} = R_F$，反相器 D_3 作整形缓冲电路。

电路通电后，假设某种扰动使 u_{i1} 有微小的正跳变，则通过非门 D_1 使 u_{o1} 迅速跳变为低电平，在电容 C_1 的耦合下，u_{i2} 也迅速跳变为低电平，则 u_{o2}

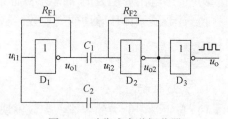

图 5-1　对称式多谐振荡器

跳变为高电平，电路进入第一个暂稳态，即 $u_{o1} = 0$，$u_{o2} = 1$。

此时，u_{i1} 的高电平经 R_{F1}、C_1 开始放电，u_{i1} 下降，当 u_{i1} 下降到非门 D_1 的阈值电压 U_{TH} 时，u_{o1} 由低电平跳变为高电平，在电容 C_1 的耦合下，u_{i2} 也迅速跳变为高电平，则 u_{o2} 跳变为低电平，电路进入第二个暂稳态，即 $u_{o1} = 1$，$u_{o2} = 0$。

接着，u_{o1} 的高电平经 R_{F1}、C_2 开始对 C_2 充电，u_{i1} 上升，当 u_{i1} 上升到非门 D_1 的阈值电压 U_{TH} 时，u_{o1} 由高电平跳变为低电平，在电容 C_1 的耦合下，u_{i2} 也迅速跳变为低电平，则 u_{o2} 跳变为高电平，电路又进入第一个暂稳态，即 $u_{o1} = 0$，$u_{o2} = 1$。

此后，电路重复上述过程，使两个暂稳态相互交替，从而输出周期性的矩形脉冲。对称式多谐振荡器的工作波形如图 5-2 所示。

在图 5-1 中，若非门的阈值电压 $U_{TH} = V_{DD}/2$，则振荡周期可按式(5-1) 估算：

$$T \approx 1.4 R_F C \tag{5-1}$$

2. 带 RC 的环形多谐振荡器

带 RC 的环形多谐振荡器如图 5-3 所示。R 为限流电阻，一般取 100Ω，电位器 $R_P \leqslant 1k\Omega$。电路利用电

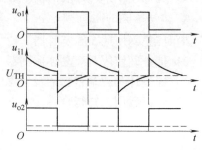

图 5-2　对称式多谐振荡器的工作波形

容 C 的充、放电来控制 P 点的电位 V_P，从而控制非门的开启，形成多谐振荡。具体过程如下：

电路通电后，假设某种扰动使 u_{i1} 有微小的正跳变，则通过非门 D_1 使 u_{o1} 迅速跳变为低电平，u_{o2} 跳变为高电平，由于电容两端电压不能突变，u_{o1} 经过电容 C 使 V_P 首先跳变到一个低电平，则 u_{o3} 跳变为高电平，电路进

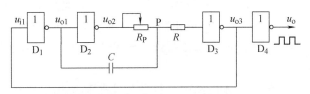

图 5-3　带 RC 的环形多谐振荡器

入第一个暂稳态，即 $u_{o1}=0$，$u_{o2}=1$，$u_{o3}=1$。

此时，u_{o2} 开始经过 R_P 对电容 C 充电，V_P 升高，当 V_P 升高到非门 D_3 的阈值电压 U_{TH} 时，u_{o3} 由高电平跳变为低电平，并反馈给 u_{i1}，u_{i1} 也迅速跳变为低电平，则 u_{o1} 跳变为高电平，u_{o2} 跳变为低电平，电路进入第二个暂稳态，即 $u_{o1}=1$，$u_{o2}=0$，$u_{o3}=0$。

此时，u_{o1} 的高电平经电容 C、R_P 开始放电，V_P 下降，当 V_P 下降到非门 D_3 的阈值电压 U_{TH} 时，u_{o3} 由低电平跳变为高电平，并反馈给 u_{i1}，u_{i1} 也迅速跳变为高电平，则 u_{o1} 跳变为低电平，u_{o2} 跳变为高电平，电路返回第一个暂稳态。

此后，电路重复上述过程，使两个暂稳态相互交替，从而输出周期性的矩形脉冲。带 RC 的环形多谐振荡器工作波形如图 5-4 所示。

电路的振荡周期可按式（5-2）估算：

$$T \approx 2.2 R_P C \qquad (5-2)$$

门电路构成的多谐振荡器振荡频率的稳定性较差，为 10^{-3} 左右。因为门电路构成的多谐振荡器状态转换发生在逻辑门的输入电平达到阈值电压 U_{TH} 的时刻，由于 U_{TH} 容易受温度、电源电压变化的影响，而且在 U_{TH} 附近电容的充、放电速度缓慢，因此在频率稳定性要求较高的场合不大适用。

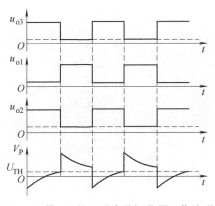

图 5-4　带 RC 的环形多谐振荡器工作波形

5.1.2　石英晶体多谐振荡器

石英晶体的频率稳定性非常高，误差只有 $10^{-11} \sim 10^{-6}$，因此在频率稳定性要求较高的场合多采用石英晶体振荡器。图 5-5 所示为石英晶体的阻抗频率特性和逻辑符号。由图 5-5a 可知，石英晶体的品质因数高，选频特性好，当信号频率等于石英晶体的固有谐振频率 f_s 时，其等效阻抗最小，因而信号最易通过，而对其他频率的信号均会被晶体衰减。因此，若把石英晶体串

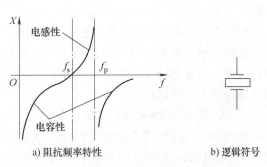

a）阻抗频率特性　　b）逻辑符号

图 5-5　石英晶体的阻抗频率特性和逻辑符号

入多谐振荡器的反馈回路中，则电路的振荡频率仅取决于石英晶体的固有谐振频率 f_s，而与 RC 的值基本无关。

图 5-6a 所示为在对称式多谐振荡器的反馈支路中串入石英晶体后构成的一种石英晶

体振荡器。两级反相器 D_1、D_2 首尾相接，构成正反馈系统，D_1 到 D_2 是经电容 C_1 耦合，D_2 到 D_1 是经 C_2 和石英晶体耦合，电阻 R 的作用是使反相器工作在线性放大区。当电路合上电源 V_{DD} 后，在反相器 D_2 输出 u_o 的噪声信号中，经过石英晶体只选出频率为 f_s 的正弦信号，经 D_1、D_2 反相器正反馈放大后，u_o 幅值达到最大，使正弦波削顶失真，近似方波输出，即形成多谐振荡器。电路的振荡频率 f_0 由晶振的 f_s 来决定，C_2 用来微调振荡频率。

图 5-6a 所示电路中 f_0 通常为几兆赫到几十兆赫。图 5-6b ~ d 是另外几种常用的石英晶体振荡器，其中图 5-6b 中的 $f_0 = 100\text{kHz}$；图 5-6c、d 中的 $f_0 = 32768\text{Hz} = 2^{15}\text{Hz}$，常用作数字电子钟中的时标信号。

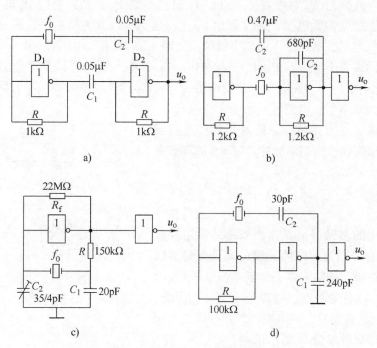

图 5-6　常用的石英晶体振荡器

5.1.3　555 定时器构成的多谐振荡器

555 定时器又称时基电路，是一种用途很广泛的集成电路。若在其外部配上少许阻容元件，便能构成各种不同用途的脉冲电路，如多谐振荡器、单稳态触发器以及施密特触发器等。同时，由于它的性能优良，使用灵活方便，在工业自动控制、家用电器和电子玩具等许多领域得到了广泛的应用。

1. 555 定时器的结构和工作原理

集成 555 定时器的产品有 TTL 型和 CMOS 型，TTL 型产品型号为 555（单定时器）和 556（双定时器）；CMOS 型产品型号是 7555（单定时器）和 7556（双定时器）。TTL 型定时器的电源电压在 4.5 ~ 18V 之间，输出电流较大（200mA），能直接驱动继电器等负载，并能提供与 TTL、CMOS 电路相容的逻辑电平；而 CMOS 型则功耗低，适用电源电压范围宽（通常为 3 ~ 18V），定时元器件的选择范围大，输出电流比双极型小。但二者的逻辑功能与外部引脚排列完全相同。

图5-7a 所示为一种典型的 555 定时器电路结构图。它由一个基本 RS 触发器，两个电压比较器 A_1、A_2 和一个放电晶体管 VT 组成。两个电压比较器的参考电位由三个阻值均为 $5k\Omega$ 的内部精密电阻供给，故称 555 定时器。图5-7b 为其引脚排列图。

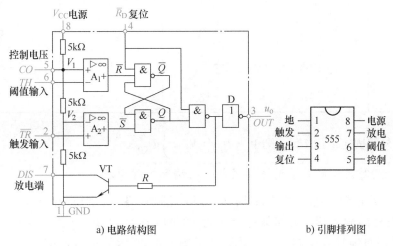

a) 电路结构图　　　　　　　　　　b) 引脚排列图

图 5-7　集成 555 定时器

555 定时器工作原理可以通过扫描二维码进行简单了解，具体内容可结合下面内容学习。

在图5-7a 中，TH（6 脚）和 $\overline{TR}$（2 脚）是 555 定时器的两个输入端，其中 TH 是电压比较器 A_1 的反相输入端（也称阈值端），$\overline{TR}$ 是电压比较器 A_2 的同相输入端（也称触发端）。$\overline{R}_D$（4 脚）是复位端，低电平有效，正常工作时应接高电平。DIS（7 脚）是放电端，其导通或关断为外接 RC 回路提供了充、放电通路。

由图5-7a 可知，加上电源 V_{CC} 后，当控制端 CO（5 脚）悬空时，电压比较器 A_1 的同相输入端参考电位为 $V_1 = \frac{2}{3}V_{CC}$，电压比较器 A_2 的反相输入端参考电位为 $V_2 = \frac{1}{3}V_{CC}$。电路工作原理如下：

1）当 $V_{TH} > \frac{2}{3}V_{CC}$、$V_{TR} > \frac{1}{3}V_{CC}$ 时，A_1 输出 $\overline{R} = 0$，A_2 输出 $\overline{S} = 1$，使触发器复位，$Q = 0$，且 $Q = 0$ 使放电晶体管 VT 导通，输出 $u_o = 0$。

2）当 $V_{TH} < \frac{2}{3}V_{CC}$、$V_{TR} < \frac{1}{3}V_{CC}$ 时，A_1 输出 $\overline{R} = 1$，A_2 输出 $\overline{S} = 0$，使触发器置位，$Q = 1$，且 $Q = 1$ 使放电晶体管 VT 截止，输出 $u_o = 1$。

3）当 $V_{TH} < \frac{2}{3}V_{CC}$、$V_{TR} > \frac{1}{3}V_{CC}$ 时，A_1 输出 $\overline{R} = 1$，A_2 输出 $\overline{S} = 1$，使触发器保持原来的状态不变，放电晶体管 VT 的状态和输出 u_o 也保持不变。

通常又称 TH 为高触发端，$\overline{TR}$ 为低触发端。

根据上述分析，可以把 555 定时器的逻辑功能归纳为表 5-1。

表 5-1　555 定时器功能表

输入			输出	
$\overline{R_D}$	TH	$\overline{TR}$	u_o	放电晶体管 VT
0	×	×	0	导通
1	$>\dfrac{2}{3}V_{CC}$	$>\dfrac{1}{3}V_{CC}$	0	导通
1	$<\dfrac{2}{3}V_{CC}$	$<\dfrac{1}{3}V_{CC}$	1	截止
1	$<\dfrac{2}{3}V_{CC}$	$>\dfrac{1}{3}V_{CC}$	不变	不变

如果 CO 外接固定电压 U_{CO}，则 $V_1 = U_{CO}$，$V_2 = \dfrac{1}{2}U_{CO}$。

2. 由 555 定时器构成的多谐振荡器电路结构和工作原理

将图 5-7a 所示 555 定时器的 $\overline{TR}$ 端（2 脚）和 TH 端（6 脚）相连接，并作为触发信号的输入端，并将放电晶体管 VT 的 DIS 放电端（7 脚）经电阻 R_1 接至电源，同时 TH 端对地接入电容 C，这就构成了图 5-8a 所示的多谐振荡器。555 定时器构成的多谐振荡器工作原理可以通过扫描二维码进行简单了解，具体内容可结合下面内容学习。

电源接通后，$+V_{CC}$ 经 R_1、R_2 给电容 C 充电，使 u_C 逐渐升高，当 u_C 上升到略超过 $\dfrac{2}{3}$ V_{CC} 时，$V_{TH} > \dfrac{2}{3}V_{CC}$、$V_{TR} > \dfrac{2}{3}V_{CC}$，输出 $u_o = 0$。同时，放电晶体管 VT 饱和导通，电路进入第一暂稳态。

随后，C 经 R_2 及 DIS 内导通的放电晶体管 VT 到地放电，u_C 迅速下降。当 u_C 下降到略低于 $\dfrac{1}{3}V_{CC}$ 时，$V_{TH} < \dfrac{1}{3}V_{CC}$、$V_{TR} < \dfrac{1}{3}V_{CC}$，输出 $u_o =$ 1，同时放电晶体管 VT 截止，电路进入第二暂稳态。

由于放电晶体管 VT 截止，电容又再次充电，其电位再次上升，如此循环下去，输出端 u_o 就连续输出矩形脉冲，电路的输出波形如图 5-8b 所示。

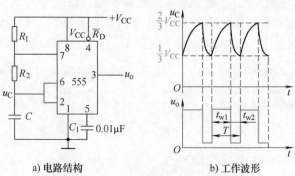

a) 电路结构　　　b) 工作波形

图 5-8　集成 555 定时器构成的多谐振荡器

由图 5-8b 可见，电容充电时，多谐振荡器输出高电平，输出脉冲宽度 t_{w1} 等于电容 C 两端的电压由 $\dfrac{1}{3}V_{CC}$ 充电到 $\dfrac{2}{3}V_{CC}$ 所需的时间；电容放电时，多谐振荡器输出低电平，放电时间 t_{w2} 等于电容 C 两端的电压由 $\dfrac{2}{3}V_{CC}$ 放电到 $\dfrac{1}{3}V_{CC}$ 所需的时间。t_{w1}、t_{w2} 可按 RC 电路的过渡过程来进行计算，即

$$t_{w1} = (R_1 + R_2)C\ln\frac{u_C(\infty) - u_C(0)}{u_C(\infty) - u_C(t_{w1})} \tag{5-3}$$

充电时，$u_C(0) = \frac{1}{3}V_{CC}$、$u_C(\infty) = V_{CC}$、$u_C(t_{w1}) = \frac{2}{3}V_{CC}$，将上述结果代入式(5-3)可得

$$t_{w1} = (R_1 + R_2)C\ln\frac{V_{CC} - \frac{1}{3}V_{CC}}{V_{CC} - \frac{2}{3}V_{CC}} \approx 0.7(R_1 + R_2)C \tag{5-4}$$

放电时，$u_C(0) = \frac{2}{3}V_{CC}$、$u_C(\infty) = 0$、$u_C(t_{w1}) = \frac{1}{3}V_{CC}$，将上述结果代入式(5-3)可得

$$t_{w2} = R_2C\ln\frac{0 - \frac{2}{3}V_{CC}}{0 - \frac{1}{3}V_{CC}} \approx 0.7R_2C \tag{5-5}$$

则振荡周期：
$$T = t_{w1} + t_{w2} \approx 0.7(R_1 + 2R_2)C \tag{5-6}$$

振荡频率：
$$f = \frac{1}{T} = \frac{1}{0.7(R_1 + 2R_2)C} \approx \frac{1.43}{(R_1 + 2R_2)C} \tag{5-7}$$

占空比：
$$q = \frac{t_{w1}}{T} \times 100\% \approx \frac{0.7(R_1 + R_2)C}{0.7(R_1 + 2R_2)C} \approx \frac{R_1 + R_2}{R_1 + 2R_2} \times 100\% \tag{5-8}$$

3. 占空比可调的多谐振荡器

在图5-8a所示的电路中，一旦定时元件 R_1、R_2、C 确定以后，输出正脉冲的宽度 t_{w1} 及波形的周期 T 就不再改变，即输出波形的占空比 $q = t_{w1}/T$ 不变。若将图5-8a中的充放电回路分开，并接入调节元器件，如图5-9所示，就构成一个占空比可调的矩形脉冲发生器，其调节范围为 10% ~90%。

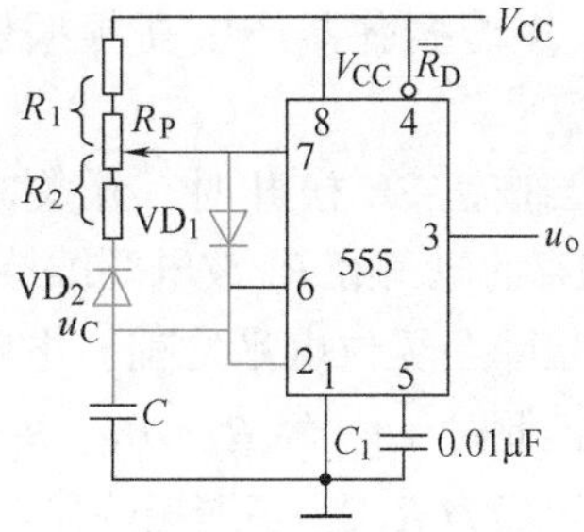

图5-9 占空比可调的多谐振荡器

电路中增加了两个导引电容充放电的二极管 VD_1、VD_2 和一个可变电位器 R_P，则：

充电回路变为 $V_{CC} \rightarrow R_1 \rightarrow VD_1 \rightarrow C \rightarrow$ 地。
放电回路变为 $C \rightarrow VD_2 \rightarrow R_2 \rightarrow DIS \rightarrow$ 地。
当忽略二极管正向导通电阻时，可以估算出：

$$t_{w1} \approx 0.7R_1C$$
$$t_{w2} \approx 0.7R_2C$$
$$T = t_{w1} + t_{w2} \approx 0.7(R_1 + R_2)C \tag{5-9}$$
$$q = \frac{t_{w1}}{T} \times 100\% \approx \frac{R_1}{R_1 + R_2} \times 100\% \tag{5-10}$$

当调节 R_P 时，由于电阻 $R_1 + R_2$ 不变，故不影响周期，但 R_1、R_2 的值发生了改变，则 t_{w1}、t_{w2} 发生改变，故占空比发生改变。

【例5-1】 图5-10所示是简易温控报警电路，试分析电路的工作原理。

解：图5-10所示电路中，555定时器构成了一个多谐振荡器。晶体管 VT（3CD8 或

9012）在常温下集电极和发射极之间的穿透电流 I_{CEO} 随温度升高而快速增大。当温度低于设定温度值时，I_{CEO} 较小，使 555 定时器的复位端 $\overline{R}_D$（4 脚）的电位为低电平，振荡电路不工作，多谐振荡器停振，扬声器不发声。

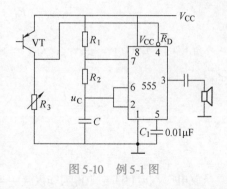

图 5-10　例 5-1 图

当温度高于设定温度值时，I_{CEO} 较大，使 555 定时器的复位端 $\overline{R}_D$（4 脚）的电位为高电平，振荡电路开始工作，多谐振荡器开始振荡，扬声器发出报警声音。

利用 555 定时器构成多谐振荡器电路控制音频振荡，用扬声器发声报警，可用于火警或热水温度报警，电路简单、调试方便。

【例 5-2】　图 5-11 所示是用多谐振荡器构成的电子双音门铃电路，试分析其工作原理。

解：在图 5-11 所示的电路中，555 定时器构成了一个多谐振荡器。当按钮 SB 按下时，开关闭合，$+V_{CC}$ 经 VD_2 向 C_3 充电，P 点（4 脚）电位迅速充至 $+V_{CC}$，复位解除；由于 VD_1 将 R_3 旁路，$+V_{CC}$ 经 VD_1、R_1、R_2 向 C 充电，充电时间常数为 $(R_1 + R_2)$ C，放电时间常数为 R_2C，多谐振荡器产生高频振荡，扬声器发出高音。

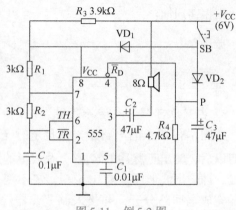

图 5-11　例 5-2 图

当按钮 SB 松开时，开关断开，由于电容 C_3 储存的电荷经 R_4 放电要维持一段时间，在 P 点电位降至复位电平之前，电路将继续维持振荡。但此时 $+V_{CC}$ 经 R_3、R_1、R_2 向 C 充电，充电时间常数增加为 $(R_3 + R_1 + R_2)$ C，放电时间常数仍为 R_2C，多谐振荡器产生低频振荡，扬声器发出低音。

当电容 C_3 持续放电，使 P 点电位降至 555 的复位电平以下时，多谐振荡器停止振荡，扬声器停止发声。

调节相关参数，可以改变高、低音发声频率以及低音维持时间。

5.2　单稳态触发器

单稳态触发器与前面介绍的双稳态触发器不同，其特点是：电路有一个稳态和一个暂稳态；在外来触发信号作用下，电路由稳态跳变到暂稳态；暂稳态经过一段时间后会自动返回到稳态。暂稳态所处时间的长短取决于电路本身定时元器件的参数。

单稳态触发器在数字系统中应用很广泛，通常用于脉冲信号的展宽、延时及整形。

5.2.1　CMOS 门构成的单稳态触发器

利用门电路构成的单稳态触发器，通常根据组成单稳态触发器的 RC 电路连接形式的不同，分为微分型和积分型两种。图 5-12 所示是用 CMOS 门电路和 RC 微分电路构成的微分型单稳态触发器。D_2 输出和 D_1 输入为直接耦合，而 D_1 输出和 D_2 输入用 RC 微分电路耦合。

电路的工作原理如下：

1. 电路的稳态

当 u_i 为高电平（无触发信号）时，D_2 门关闭，u_{o2} 为高电平，D_1 门由于输入全为 1 而打开，u_{o1} 为低电平。此时，电路处于稳定状态，$u_{o1}=0$，$u_{o2}=1$。

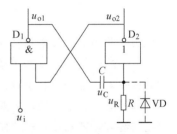

图 5-12　微分型单稳态触发器

2. 电路的暂稳态

当在输入端加负触发脉冲时，u_i 产生负跳变，使 u_{o1} 由低电平跳变为高电平，由于电容两端电压 u_C 不能突变，因而使 u_R 产生同样的正跳变，D_2 的输出 u_{o2} 从高电平变为低电平，结果使得电路迅速进入 D_1 门关闭、D_2 门打开的暂稳状态，$u_{o1}=1$，$u_{o2}=0$。

这是一个正反馈过程：

$$u_i \downarrow \rightarrow u_{o1} \uparrow \rightarrow u_R \uparrow \rightarrow u_{o2} \downarrow$$

由于 u_{o2} 的反馈作用，所以即使负触发脉冲消失，D_1 仍处于关闭状态。

3. 电路自动返回稳态

电路在暂稳态期间，u_{o1} 为高电平，经 R 到地不断对电容充电，使 u_C 按指数规律上升，u_R 按指数规律下降，当 u_R 下降到 D_2 门的阈值电压时，电路将产生下列正反馈过程：

$$C \text{充电} \rightarrow u_C \uparrow \rightarrow u_R \downarrow \rightarrow u_{o2} \uparrow \rightarrow u_{o1} \downarrow$$

结果使得电路自动返回到 D_1 打开、D_2 关闭的稳态。暂稳态的持续时间，即输出脉冲宽度 t_w 与充电时间常数 RC 的大小有关，RC 越大，t_w 越宽。

4. 恢复过程

暂稳态结束后，电容 C 上已充有一定的电压，因此，电路返回稳态后需经 C 的放电过程，电容上的电压才能恢复到稳态时的数值，这一过程即为恢复过程。恢复过程所需时间 t_{re} 的大小与放电时间常数 RC 的大小有关。恢复过程结束后，才允许输入下一个触发脉冲。通常在 R 两端反向并接一只开关二极管 VD（如图 5-12 中虚线所示），使 t_{re} 大大减小。

图 5-13 所示为微分型单稳态触发器电路中各点工作波形。

由图 5-13 可见，输出脉冲宽度 t_w 等于从电容 C 充电（t_1）开始到 u_R 下降到 U_{TH}（t_2）的这段时间。t_w 可按 RC 电路的过渡过程来进行计算，即

$$t_w = RC\ln \frac{u_C(\infty) - u_C(0)}{u_C(\infty) - u_C(t_w)} \tag{5-11}$$

对于 CMOS 门而言，可以近似地认为输出的高电平 $U_{OH} \approx V_{DD}$、输出的低电平 $U_{OL} \approx 0V$、门电路的阈值电压 $U_{TH} = \frac{1}{2}V_{DD}$，则 $u_C(0)=0$、$u_C(\infty)=V_{DD}$、$u_C(t_w)=\frac{1}{2}V_{DD}$。将上述结果代入式（5-11）可得

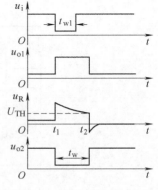

图 5-13　微分型单稳态触发器工作波形

$$t_{\text{w}} = RC\ln\frac{V_{\text{DD}} - 0}{V_{\text{DD}} - 0.5V_{\text{DD}}} \approx 0.7RC \tag{5-12}$$

在实际使用中，常用式(5-12) 先进行估算，然后组成电路进行实际调试。

需要注意的是，微分型单稳态触发器用窄脉冲触发。如果触发脉冲的宽度 t_{w1} 大于输出脉冲的宽度 t_{w}，电路不能正常工作。因为 u_{o2} 在返回高电平的过程中，u_{i} 的触发电平还在，电路内部不能形成正反馈。为避免出现 $t_{\text{w1}} > t_{\text{w}}$ 的情况，可在图 5-12 所示电路的触发信号源和门电路输入端之间接入一个微分电路。

微分型单稳态触发器也可以由或非门构成，图 5-14a 所示为输入端带有微分电路的微分型单稳态触发器，图 5-14b 为其工作波形，读者可自行分析。

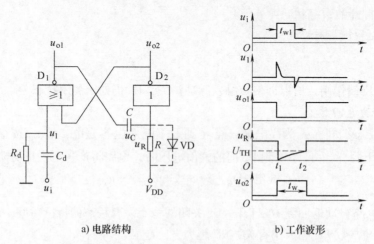

a) 电路结构　　　　　　　　　b) 工作波形

图 5-14　由或非门构成的单稳态触发器及工作波形

5.2.2　555 定时器构成的单稳态触发器

555 定时器构成的单稳态触发器如图 5-15a 所示。R、C 为外接定时元件，触发信号 u_{i} 加在 $\overline{TR}$ 端 (2 脚)，无触发信号时，$\overline{TR}$ 应为高电平 ($> \frac{1}{3}V_{\text{CC}}$)，信号从 3 脚输出。其工作波形如图 5-15b 所示。

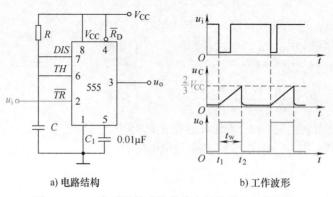

a) 电路结构　　　　　　　　　b) 工作波形

图 5-15　555 定时器构成的单稳态触发器及工作波形

555 定时器构成的单稳态触发器工作原理可以通过扫描二维码进行简单了解，具体内容可结合下面内容学习。

1. 电路的稳态

当电路无触发信号时，u_i 为高电平，接通电源后，$+V_{CC}$ 经 R 给 C 充电，u_C 不断升高。当 $u_C > \frac{2}{3}V_{CC}$ 时，$u_o = 0$，555 定时器中的放电晶体管 VT 饱和导通。随后，C 经 DIS（7 脚）迅速放电，使 u_C 迅速减小到 0V，555 定时器内部电压比较器 A_1 和 A_2 均输出为 1，RS 触发器保持为 $Q = 0$ 状态，$u_o = 0$，这就是它的稳定状态。

2. 电路的暂稳态

当在输入端加负触发脉冲时，$\overline{TR}$ 产生负跳变，电路被触发，使 u_o 由低电平跳变为高电平，即 $u_o = 1$，同时放电晶体管 VT 截止，电源 $+V_{CC}$ 经 R 给 C 充电，电路转入暂稳状态。

3. 电路自动返回稳态

随着 C 充电，u_C 不断升高。当 $u_C > \frac{2}{3}V_{CC}$ 时，u_o 由高电平跳变为低电平，同时晶体管 VT 饱和导通。随后，C 经 DIS（7 脚）迅速放电，使 u_C 迅速减小到 0V，电路由暂稳态返回至稳态，$u_o = 0$。

由图 5-15b 可见，输出脉冲宽度 t_w 等于从电容 C 由 0V（t_1）开始充电到 $\frac{2}{3}V_{CC}$（t_2）所需要的时间。t_w 可按下式计算：

$$t_w = RC\ln\frac{V_{CC} - 0}{V_{CC} - \frac{2}{3}V_{CC}} = RC\ln 3 \approx 1.1RC \tag{5-13}$$

式(5-13) 说明，单稳态触发器的输出脉冲宽度 t_w 仅决定于元件 R、C 的取值，与输入触发信号和电源电压无关，通过调节 R、C 的取值，即可调节 t_w。但必须注意，随着 t_w 的宽度增加，它的精度和稳定度也将下降。

【例 5-3】　图 5-16 所示为 555 定时器构成的触摸定时控制开关，试分析其工作原理。

解： 图 5-16 所示电路中 555 定时器接成了一个单稳态触发器，当用手触摸金属片时，由于人体的感应电压，相当于在触发输入端（2 脚）加入了一个负脉冲，电路被触发，转入暂稳状态，输出高电平，灯泡被点亮。经过一段时间（t_w）后，电路自动返回稳态，输出低电平，灯泡熄灭。

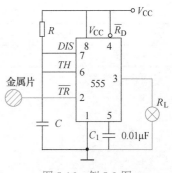

图 5-16　例 5-3 图

灯泡点亮的时间为　$t_w \approx 1.1RC$

调节 R、C 的取值，可控制灯泡点亮的时间。

5.2.3　集成单稳态触发器

集成单稳态触发器有不可重复触发型单稳态触发器和可重复触发型单稳态触发器两种。不可重复触发型单稳态触发器一旦被触发进入暂稳态以后，再加入触发脉冲不会影响电路的工作过程，必须在暂稳态结束以后，才能接收下一个触发脉冲而转入暂稳态，如图 5-17a 所示，图 5-18a 所示为其工作波形。可重复触发型单稳态触发器在电路被触发而进入暂稳态期间，如果再次加入触发脉冲，电路将重新被触发，输出脉冲再继续维持一个宽度，如图5-17b所示，图 5-18b 所示为其工作波形。

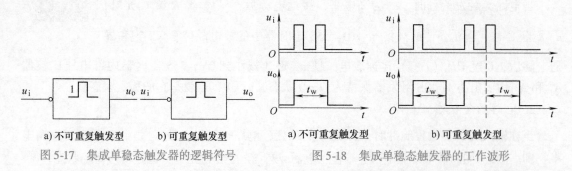

a) 不可重复触发型   b) 可重复触发型   a) 不可重复触发型   b) 可重复触发型

图 5-17   集成单稳态触发器的逻辑符号   图 5-18   集成单稳态触发器的工作波形

不可重复触发型单稳态触发器有 74121/221 等，可重复触发型单稳态触发器有 74123/122 等。集成单稳态触发器具有价格低廉、性能稳定、使用方便等优点，在数字电路中的应用日益广泛，下面以 74121/221 为例进行介绍。

1. 74121

TTL 集成单稳态触发器 74121 的引脚排列图和逻辑符号如图 5-19 所示。74121 的触发方式可实现两种选择：A_1、A_2 为下降沿有效的触发信号输入端，B 为上升沿有效的触发信号输入端。外接电阻 R_{ext}、外接电容 C_{ext} 和内部门电路构成微分型单稳态触发器；Q 和 $\overline{Q}$ 为两个互补的输出端。R_{int} 是内接电阻引出端，使用时与 V_{CC} 相连即可。

74121 的逻辑功能见表 5-2。

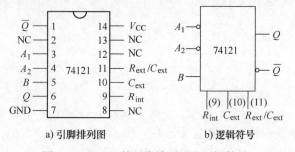

a) 引脚排列图   b) 逻辑符号

图 5-19   74121 的引脚排列图和逻辑符号

表 5-2   集成单稳态触发器 74121 的功能表

输入			输出		说明
A_1	A_2	B	Q	$\overline{Q}$	
0	×	1	0	1	保持稳态
×	0	1	0	1	
×	×	0	0	1	
1	1	×	0	1	
1	↓	1	⊓	⊔	下降沿触发
↓	1	1	⊓	⊔	
↓	↓	1	⊓	⊔	
0	×	↑	⊓	⊔	上升沿触发
×	0	↑	⊓	⊔	

由表 5-2 可见，集成单稳态触发器 74121 的主要功能如下：

若输入端 A_1、A_2、B 任意有一个为低电平或 A_1、A_2 同时为高电平，则 74121 的输出保持稳定状态，即 $Q=0$，$\overline{Q}=1$。

在下述情况下，电路由稳态翻转到暂稳态：

1）下降沿触发翻转：A_1、A_2 至少有一个是下降沿，其余输入为高电平。

2）上升沿触发翻转：A_1、A_2 至少有一个是低电平，B 为上升沿。

74121 的输出脉冲宽度 t_w 可按下式进行估算：

$$t_w \approx 0.7 R_{ext} C_{ext} \tag{5-14}$$

通常 R_{ext} 的取值为 2～30kΩ，C_{ext} 的取值为 10pF～10μF，得到 t_w 的范围可达 20ns～200ms。

使用 74121 内部设置的电阻 R_{int} 取代外接电阻 R_{ext}，可以简化外部接线，但 R_{int} 的阻值约为 2kΩ，所以在希望得到较宽的输出脉冲时，需使用外部电阻。具体接线方法如图 5-20 所示。

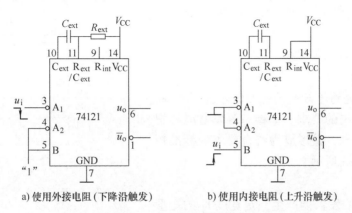

a) 使用外接电阻（下降沿触发）　　b) 使用内接电阻（上升沿触发）

图 5-20　74121 的外部连接方法

2. 74221

74221 为集成双单稳态触发器，其中每个单稳态触发器单元均具有两个触发输入端 TR_+、TR_-（其中 TR_+ 为正边沿触发端，TR_- 为负边沿触发端），一个清零端 $\overline{R}$（低电平有效），两个互补的输出端 Q 和 $\overline{Q}$。74221 的逻辑符号和引脚排列图如图 5-21 所示。

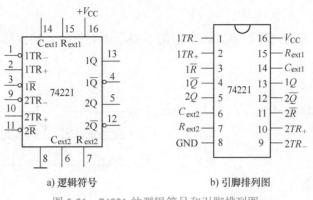

a) 逻辑符号　　　　　b) 引脚排列图

图 5-21　74221 的逻辑符号和引脚排列图

当 TR_- 端接低电平时，可以从 TR_+ 端触发；当 TR_+ 端接高电平时，可以从 TR_- 端触发。经触发后，其输出脉冲的宽度不受触发输入信号的影响，而与外接的定时元件（R_{ext}、C_{ext}）有关，但也可以被 $\overline{R}$ 中止。集成单稳态触发器74221的逻辑功能见表5-3。

表5-3　集成单稳态触发器 74221 的功能表

输　入			输　出		说　明
$\overline{R}$	TR_-	TR_+	Q	$\overline{Q}$	
0	×	×	0	1	保持稳态
1	0	↑	⊓	⊔	上升沿触发
1	↓	1	⊓	⊔	下降沿触发

74221 的典型接线如图 5-22 所示。图中，外接的电容接在 C_{ext} 和 R_{ext} 之间，外接的电阻接在 R_{ext} 和 V_{CC} 之间。

5.2.4　单稳态触发器的应用

1. 脉冲整形

脉冲整形就是将不规则的脉冲信号进行处理，使之符合数字系统的要求。单稳态触发器能够把不规则的输入信号，整形成为符合要求的标准矩形脉冲，如图 5-23 所示。

2. 脉冲定时

由于单稳态触发器能产生一定宽度 t_w 的矩形脉冲，若利用此脉冲去控制其他电路，可使其在 t_w 时间内动作（或不动作）。例如，利用宽度为 t_w 的矩形脉冲作为与门的控制信号，只有在 t_w 时间内，与门才打开，输入信号才能通过，其他时间与门关闭，输入信号不能通过。单稳态触发器的脉冲定时作用如图 5-24 所示。

3. 脉冲延时

在图 5-24a 中，单稳态电路输出脉冲 u_o' 的下降沿相对于输入触发脉冲 u_i 的下降沿滞后

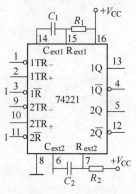

图 5-22　74221 的典型接线

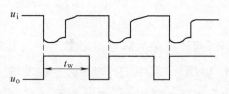

图 5-23　单稳态触发器用于脉冲整形

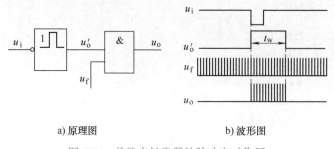

a) 原理图　　　　　　　b) 波形图

图 5-24　单稳态触发器的脉冲定时作用

了 t_w 时间，我们称这个时间为延迟时间。因此，利用该电路可起到脉冲延时作用。

在数字控制系统中，往往需要一个脉冲信号到达后，延迟一段时间再产生另一个脉冲，以分别控制相继的操作。图 5-25a 所示电路即可实现该功能，图 5-25b 所示为其工作波形，输出脉冲的宽度 $t_{w1} \approx 0.7R_1C_1$，脉冲宽度 $t_{w2} \approx 0.7R_2C_2$。因此，分别调整 t_{w1}（决定输出脉冲相对输入脉冲上升沿的延迟时间）和 t_{w2}（决定输出脉宽）而互不影响。

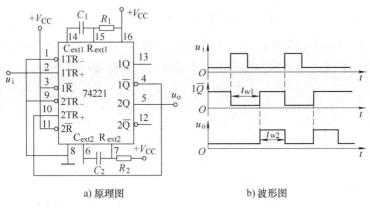

a) 原理图　　　　　　　　　b) 波形图

图 5-25　74221 组成的脉冲延时电路

5.3　施密特触发器

施密特触发器是数字系统中常用的电路之一，它可以把输入缓慢变化的不规则波形整形成为适合数字电路所需要的矩形脉冲。它有两个稳定状态，与其他触发器不同，这两个稳定状态之间的转换和状态的维持都依赖于外加触发信号。

5.3.1　门电路构成的施密特触发器

用门电路构成的施密特触发器如图 5-26a 所示。D_1、D_2 组成基本 RS 触发器，二极管 VD 起电平转移作用，当 VD 导通时，$\overline{S}$ 端的电位比 u_i 高 0.7V。图 5-26b 所示为施密特触发器的逻辑符号。设门电路的阈值电压为 $U_{TH} \approx 1.4V$，下面分析其工作原理。

1. 第一稳态

设输入信号为三角波。当输入信号 $0V \leq u_i < 0.7V$ 时，D_3 门关闭，$\overline{R} = 1$，同时 $0.7V \leq u_{i2} < 1.4V$，即 $\overline{S} = 0$，RS 触发器置 1，则 $u_o = 1$，电路处于第一稳态。

u_i 电压继续上升，在 $0.7V \leq u_i < 1.4V$ 区间，D_3 门仍关闭，$\overline{R} = 1$，同时，$u_{i2} > 1.4V$，即 $\overline{S} = 1$，RS 触发器状态保持，u_o 仍为高电平，电路维持在第一稳态。

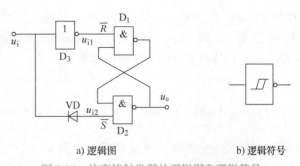

a) 逻辑图　　　　　　　　　b) 逻辑符号

图 5-26　施密特触发器的逻辑图和逻辑符号

2. 第二稳态

当输入电压 u_i 上升到 $u_i = U_{T+} = 1.4V$ 时，D_3 门打开，$\overline{R} = 0$，$\overline{S} = 1$，RS 触发器置 0，$u_o =$

0，电路处于第二稳态。

此后，只要 $u_i > U_{T+}$，电路状态就不变。U_{T+} 称为正向阈值电压。

接着输入电压开始下降，在下降到 U_{T+} 时，D_3 门关闭，$\overline{R} = 1$，由于二极管 VD 的存在，使 $\overline{S} = 1$，RS 触发器状态保持，u_o 仍为低电平，电路维持在第二稳态。

3. 自动返回第一稳态

随着 u_i 继续下降，当 $u_i = U_{T-} = 0.7V$ 时，若 u_i 再下降，则 D_3 门关闭，$\overline{R} = 1$，同时，$u_{i2} < 1.4V$，$\overline{S} = 0$，RS 触发器置 1，$u_o = 1$，电路返回第一稳态。U_{T-} 称为反向阈值电压。于是，输入的三角波经过施密特触发器后变为方波输出。工作波形如图 5-27a 所示。

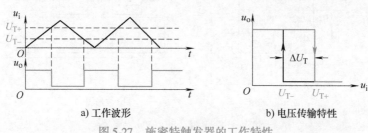

a) 工作波形　　　　　　b) 电压传输特性

图 5-27　施密特触发器的工作特性

从上述分析可以看出，在 u_i 上升过程中，只要 $u_i > U_{T+}$，触发器就会由第一稳态翻转到第二稳态。在 u_i 下降过程中，只要 $u_i < U_{T-}$，触发器就可以由第二稳态返回到第一稳态。显然 U_{T+} 和 U_{T-} 不等，这一现象称为施密特触发器的回差现象或滞后特性。U_{T+} 与 U_{T-} 之差称为回差电压，用 ΔU_T 表示，即

$$\Delta U_T = U_{T+} - U_{T-} \tag{5-15}$$

对应图 5-26a 所示电路，$\Delta U_T = U_D = 0.7V$。图 5-27b 所示为施密特触发器的电压传输特性。

5.3.2　555 定时器构成的施密特触发器

将 555 定时器的放电端 DIS（7 脚）悬空（或经电阻 R 接至电源 V_{CC}），TH 端（6 脚）和 $\overline{TR}$ 端（2 脚）并在一起接输入信号 u_i，就构成了施密特触发器。电路如图 5-28 所示，555 定时器构成的施密特触发器工作原理可以通过扫描二维码进行简单了解，具体内容可结合下面内容学习。

1. u_i 上升阶段

当 $u_i < \dfrac{1}{3}V_{CC}$ 时，u_o 输出高电平；当 $\dfrac{1}{3}V_{CC} < u_i < \dfrac{2}{3}V_{CC}$ 时，

u_o 输出保持高电平不变；当 u_i 继续上升到 $u_i > \dfrac{2}{3}V_{CC}$ 时，u_o 输出低电平。

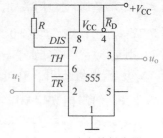

图 5-28　施密特触发器

2. u_i 下降阶段

当 $\dfrac{1}{3}V_{CC} < u_i < \dfrac{2}{3}V_{CC}$ 时，u_o 输出保持低电平不变；当 u_i 继续下降到 $u_i < \dfrac{1}{3}V_{CC}$ 时，u_o 输出高电平。

可见，这种电路的输出不仅与 u_i 的高低有关，而且还与 u_i 的变化方向有关：u_i 由低变高时，在 $u_i = \frac{2}{3}V_{CC}$ 时触发翻转，即正向阈值电压为 $U_{T+} = \frac{2}{3}V_{CC}$。

u_i 由高变低时，在 $u_i = \frac{1}{3}V_{CC}$ 时才翻转，即反向阈值电压为 $U_{T-} = \frac{1}{3}V_{CC}$，形成输出对输入的滞后特性。回差电压为 $\Delta U_T = \frac{1}{3}V_{CC}$。

555 定时器构成的施密特触发器的工作波形和电压传输特性如图 5-29 所示。

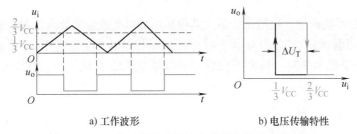

a) 工作波形　　　　　　　b) 电压传输特性

图 5-29　555 定时器构成的施密特触发器的工作特性

在图 5-28 中，如果参考电压 CO 端（5 脚）由外接的电压 U_{CO} 供给，则 $U_{T+} = U_{CO}$，$U_{T-} = \frac{1}{2}U_{CO}$。改变外接电压 U_{CO} 的值，可以调节回差电压高低。

5.3.3　集成施密特触发器

集成施密特触发器性能一致性比较好，触发阈值电压稳定。CD40146 是 CMOS 集成施密特触发器，内含六个独立的施密特触发器单元，每个单元有一个触发输入端和一个输出端，且输出和输入为反相逻辑关系，其引脚排列图如图 5-30 所示。

对 CMOS 电路来说，施密特触发器的回差电压与电源电压 V_{DD} 有关，V_{DD} 越高，回差电压越高，且回差越大，其抗干扰能力就越强。但当回差电压较高时，要求 u_i 的变化幅度也要大。

74LS14 是 TTL 集成施密特触发器，引脚排列与 CD40146 相同。

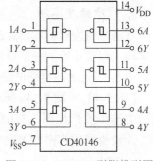

图 5-30　CD40146 引脚排列图

5.3.4　施密特触发器的应用

施密特触发器的用途十分广泛，下面介绍其几种基本的应用。

1. 波形变换

无论施密特触发器的输入信号波形如何，只要它的幅度大于 U_{T+}，电路就会迅速地由一种稳态翻转到另一种稳态；当输入信号幅度低于 U_{T-} 时，电路又迅速翻回到原来的稳态。因此，利用施密特触发器能很方便地将连续变化的正弦波或三角波变换成矩形波，如图 5-31 所示。

2. 脉冲整形

在数字系统中，矩形脉冲在传输过程中经常受到干扰而发生畸变，可利用施密特触发器的回差特性，将受到干扰的信号整形成较好的矩形脉冲。例如从某测量装置来的信号经放大

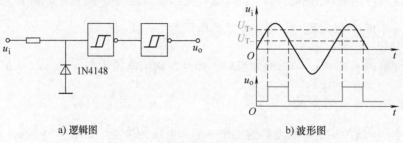

a) 逻辑图　　　　　　　　　　b) 波形图

图 5-31　施密特触发器用于波形变换

后，其波形往往是不规则的，经施密特触发器整形后即可变成合乎要求的脉冲信号，如图 5-32 所示。从图中可以看出，当 u_o 为高电平时，只要干扰脉冲的谷底电压高于 U_{T-}，u_o 的状态就不变；当 u_o 处于低电平时，只要干扰脉冲的峰顶电压低于 U_{T+}，u_o 的状态就不变。

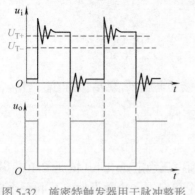

图 5-32　施密特触发器用于脉冲整形

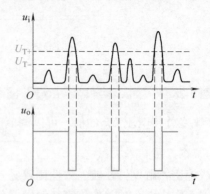

图 5-33　施密特触发器用于脉冲幅度鉴别

3. 脉冲幅度鉴别

施密特触发器的输出状态决定于输入信号的幅度，因此它可以用来作为幅度鉴别电路，可从输入幅度不等的一串脉冲中，把幅度超过 U_{T+} 的那些脉冲鉴别出来，而把低于 U_{T+} 的消除。图 5-33 为脉冲鉴别电路的输入、输出电压波形。

【例 5-4】　图 5-34a 所示为冰箱中的温度控制系统。设传感器的输出变化为 $1V/℃$，传感器的输出波形如图 5-34b 所示，将冰箱的温度控制在 $4～6℃$ 之间。试分析电路的工作原理，并说明采用施密特触发器作为温度比较器的好处。

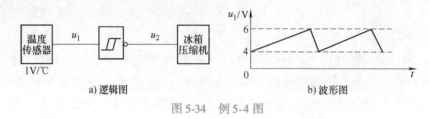

a) 逻辑图　　　　　　　　　　b) 波形图

图 5-34　例 5-4 图

解：由于传感器的输出为 $1V/℃$，若将冰箱的温度控制在 $4～6℃$ 之间，则施密特触发器的 $U_{T+}=6V$，$U_{T-}=4V$。

故当 $u_1<4V$ 时，施密特触发器输出高电平，即 $u_2=1$，冰箱压缩机不工作。

当 $4V \leqslant u_1 < 6V$ 时，施密特触发器保持原来的状态，输出仍为高电平，即 $u_2 = 1$，冰箱压缩机不工作。

当 $u_2 \geqslant 6V$ 时，施密特触发器输出低电平，即 $u_2 = 0$，冰箱压缩机工作，使温度迅速降低，传感器输出电压随着降低。当温度降低到使 $u_1 < 4V$ 时，施密特触发器又输出高电平，即 $u_2 = 1$，冰箱压缩机停止工作。如此交替，施密特触发器输出波形如图 5-35 所示，在 u_2 低电平期间，冰箱压缩机工作。

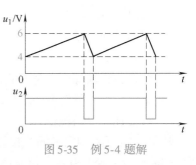

图 5-35　例 5-4 题解

在图 5-35 中，输出负脉冲段为压缩机工作时间，由图可知，采用施密特触发器后，冰箱压缩机起动时间间隔长，可以避免压缩机过于频繁工作，延长压缩机的使用寿命，同时减少噪声。

模块 2　相关技能训练

5.4　555 定时器的应用

1. 训练目的

1）熟悉 555 型集成时基电路的结构、工作原理及其特点。

2）掌握 555 型集成时基电路的基本应用。

2. 设备与元器件

5V 直流电源，逻辑电平显示器，逻辑电平开关，双踪示波器，连续脉冲器，单次脉冲器，555 定时器 ×2，74LS161 ×1，74LS138 ×1，电位器、电阻、电容若干。

3. 电路原理

图 5-36 所示是由 555 定时器和 74LS161、74LS138 组成的 8 路循环灯电路。图中的 555 定时器构成多谐振荡器电路，产生的矩形脉冲作为 74LS161 的计数脉冲，其三路输出作为 74LS138 的输入，随着计数的进行，74LS138 译码，$\overline{Y}_0 \sim \overline{Y}_7$ 循环输出低电平，则 8 路发光二极管将循环被点亮。

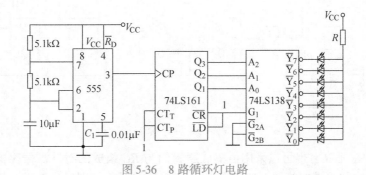

图 5-36　8 路循环灯电路

4. 训练内容与步骤

1）按图 5-9 连接训练电路，取 $R_1 = R_2 = 5.1k\Omega$，$R_P = 5.1k\Omega$。调节 R_P，用示波器观测

u_c、u_o 的波形并记录。

2）按图 5-36 连接训练电路，观察发光二极管的发光情况并记录，分析电路工作原理。

5. 训练总结

1）分析讨论训练中出现的故障及其排除方法。

2）整理数据，分析训练结果。

3）写出训练总结报告。

从图 5-10 所示的简易温控报警电路，到图 5-11 所示的电子双音门铃电路，再到图 5-16 所示的触摸定时控制开关，以及图 5-36 所示的 8 路循环灯电路，我们可以看到，一片小小的 555 定时器可以构成很多实用电路。在很多玩具和控制系统中我们也能找到它的身影。早在我国先秦时期，儒家就提倡学与用相结合，到了明代，心学大师王守仁把学用一体、学以致用的为学思想进一步提炼丰富，提出了"知行合一"的思想概念。"知"就是学习的过程，"行"即是做事也是人格修炼的过程，这样就把学问、道德、使命融合为一体，这也应该是我们的目标追求。

模块 3 　任务的实现

5.5 秒脉冲发生器的设计与制作

5.5.1 秒脉冲发生器的设计

秒脉冲发生器是由振荡器和分频器构成的。振荡器是数字钟的核心，它的稳定度及频率的精确度决定了数字钟计时的准确程度，通常选用石英晶体构成振荡器电路。一般来说，振荡器的频率越高，计时精度越高，但这样会使分频器的级数增加。所以，在确定振荡器频率时应当考虑两方面的因素，然后再选定石英晶体的型号。

图 5-37 所示的石英晶体振荡电路为电子手表集成电路（如 5C702）中的振荡器电路，常取晶振的频率为 32768Hz，经过 15 级二分频集成电路，所以输出端正好可得到 1Hz 的标准脉冲。

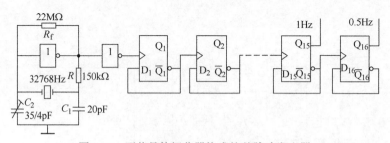

图 5-37　石英晶体振荡器构成的秒脉冲发生器

如果精度要求不高，也可以采用由集成逻辑门与 RC 组成的时钟源振荡器或由集成 555 定时器与 RC 组成的多谐振荡器。这里设振荡频率 $f_0 = 10^3$ Hz，则经过 3 级十分频电路即可得到 1Hz 的标准脉冲。555 定时器构成的秒脉冲发生器如图 5-38 所示。

5.5.2 秒脉冲发生器的仿真

1）启动 Multisim 10 后，单击基本界面工具条上的 Place TTL 按钮，调出 3 片 74LS160

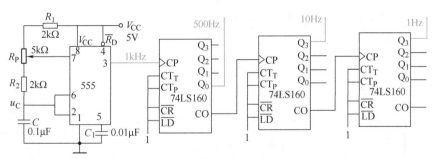

图 5-38　555 定时器构成的秒脉冲发生器

放到电子工作台上。

2）单击基本界面工具条上的 Place Mixed 按钮，调出 1 片 555 定时器 LM555CN 放到电子工作台上。

3）单击基本界面工具条上的 Place Basics 按钮，调出 2 个 2kΩ 电阻、1 个 5kΩ 电位器放到电子工作台上。单击基本界面工具条上的 Place Source 按钮，从中调出电源线和地线放到电子工作台上。

4）将调出的元器件按图 5-38 所示连成仿真电路，如图 5-39 所示。从仪器库中调出一台示波器用于观察各点波形。

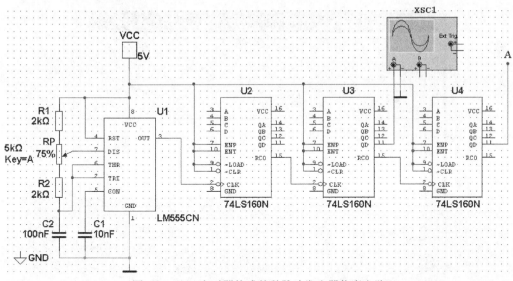

图 5-39　555 定时器构成的秒脉冲发生器仿真电路

5）打开仿真开关开始仿真，其中示波器观测到的 1kHz 和 10Hz 波形如图 5-40、图 5-41 所示。由示波器波形可直接读出信号频率。

仿真结果符合对数字钟秒脉冲发生器的要求。

5.5.3　秒脉冲发生器的组装与调试

1）按图 5-37 安装秒脉冲发生器，D 触发器可选 8 片 74LS74。

2）调节微调电容 C_2，使石英晶振产生 32768Hz 的矩形脉冲信号。

3）用示波器观察分频器各级输出波形，看是否正常工作，若都正常，分频器输出即可

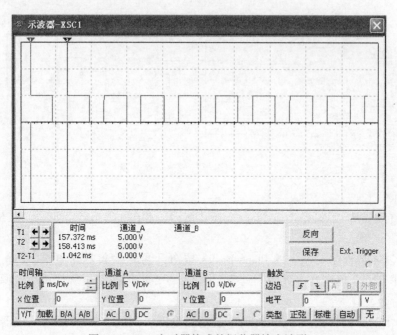

图 5-40   555 定时器构成的振荡器输出波形

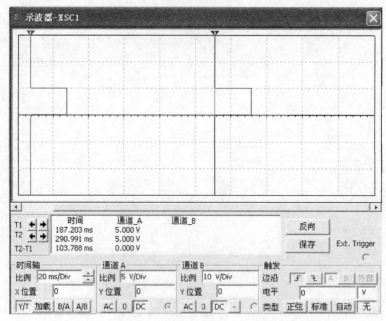

图 5-41   555 定时器构成的秒脉冲发生器仿真结果

得到秒脉冲信号。

4）按图 5-39 安装电路，用示波器观察分频器各级输出波形，看是否得到秒脉冲信号。将 U_4 的输出信号 A 接至图 3-32 电路中门 D_9 的输入端。

5）将调试好的电路焊接到印制电路板上。

对于图 5-37 所示电路，若用十六进制计数器作为分频器，可使电路更加简单。在进行电路连接时要做到布局合理，布线简洁美观，避免短接；现场要做到 6S 管理，做好团队分工与协作。

习　题

5-1 选择题

(1) 多谐振荡器可产生_____。

A. 正弦波　　　　B. 矩形脉冲　　　　C. 三角波　　　　D. 锯齿波

(2) 能把缓慢变化的输入信号转换成矩形波的电路是_____。

A. 单稳态触发器　B. 多谐振荡器　C. 施密特触发器　D. 边沿触发器

(3) 脉冲整形电路有_____。

A. 多谐振荡器　　B. 单稳态触发器　　C. 施密特触发器　　D. 555 定时器

(4) 石英晶体多谐振荡器的主要优点是_____。

A. 电路简单　　　B. 频率稳定度高　　C. 振荡频率高　　D. 振荡频率低

(5) 把正弦波变换为同频率的矩形波，应选择_____电路。

A. 多谐振荡器　　B. 基本 RS 触发器　C. 单稳态触发器　D. 施密特触发器

(6) 一个用 555 定时器构成的单稳态触发器输出的脉冲宽度为_____。

A. 0.7RC　　　　B. 1.4RC　　　　C. 1.1RC　　　　D. 1.0RC

(7) TTL 单定时器型号的最后几位数字为_____。

A. 555　　　　　B. 556　　　　　C. 7555　　　　D. 7556

(8) 555 定时器可以组成_____。

A. 多谐振荡器　　B. 单稳态触发器　　C. 施密特触发器　　D. JK 触发器

(9) 用 555 定时器构成的施密特触发器，若电源电压为 6V，控制端不外接固定电压，则其上限阈值电压、下限阈值电压和回差电压分别为_____。

A. 2V、4V、2V　　B. 4V、2V、2V　　C. 4V、2V、4V　　D. 6V、4V、2V

(10) 用 555 定时器组成施密特触发器，当输入控制端 CO 外接 10V 电压时，回差电压为_____。

A. 3.33V　　　　B. 5V　　　　　C. 6.66V　　　　D. 10V

5-2 填空题

(1) 施密特触发器有_____个稳定状态，多谐振荡器有_____个稳定状态。

(2) 单稳态触发器的状态具有一个_____和一个_____。

(3) 常见的脉冲产生电路有_____，常见的脉冲整形电路有_____、_____。

(4) 要将缓慢变化的三角波信号转换成矩形波，则采用_____。

(5) 为了实现高的频率稳定度，常采用_____振荡器；单稳态触发器受到外触发时，进入_____态。

(6) 多谐振荡器也称_____发生器，与其他触发器不同的是，多谐振荡器没有稳态，但有两个_____态。

(7) 555 定时器是一种_____电路和_____电路相结合的多用途中规模集

169

成电路器件，在外围配以少量的阻容元件就可方便地构成施密特触发器、单稳态触发器和多谐振荡器等应用电路。

（8）一个由555定时器构成的施密特触发器，电源电压 V_{DD} 为15V，在未外接控制输入 U_{CO} 的情况下，它的回差电压 $\Delta U = \underline{\hspace{2cm}}$ V；在外接控制输入 $U_{CO} = 8V$ 的情况下，它的回差电压 $\Delta U = \underline{\hspace{2cm}}$ V。

（9）555定时器的最后数码为555的是 $\underline{\hspace{2cm}}$ 产品，为7555的是 $\underline{\hspace{2cm}}$ 产品。

（10）施密特触发器具有 $\underline{\hspace{2cm}}$ 现象，又称 $\underline{\hspace{2cm}}$ 特性；单稳态触发器最重要的参数为 $\underline{\hspace{2cm}}$ 。

5-3 判断题

（1）由555定时器组成的施密特触发器的阈值电压是不能改变的。（　　）

（2）555定时器可实现占空比可调的 RC 振荡器。（　　）

（3）多谐振荡器的输出信号的周期与阻容元件的参数成正比。（　　）

（4）石英晶体多谐振荡器的振荡频率与电路中的 R、C 成正比。（　　）

（5）单稳态电路也有两个稳态，它们分别是高电平1态和低电平0态。（　　）

（6）集成单稳态触发器可以构成任意长时间的延时电路。（　　）

（7）施密特触发器有两个稳态。（　　）

（8）采用不可重触发单稳态触发器时，若在触发器进入暂稳态期间再次受到触发，输出脉宽可在此前暂稳态时间的基础上再展宽 t_w。（　　）

（9）施密特触发器的正向阈值电压一定大于负向阈值电压。（　　）

（10）用施密特触发器可以构成多谐振荡器。（　　）

5-4 反相输出的施密特触发器的电压传输特性和普通反相器的电压传输特性有什么不同？试分别画出其电压传输特性曲线。

5-5 用555构成的施密特触发器，用什么方法能调节回差电压的大小？

5-6 图5-42所示为由555定时器构成的多谐振荡器。已知 $V_{CC} = 10V$，$C = 0.1\mu F$，$R_1 = 15k\Omega$，$R_2 = 24k\Omega$。试求：

（1）多谐振荡器的振荡频率及占空比。

（2）画出 u_C、u_o 的波形。

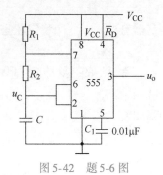

图5-42 题5-6图

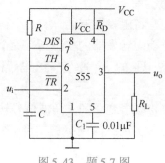

图5-43 题5-7图

5-7 图5-43所示电路为由555定时器组成的单稳态触发器。已知 $V_{CC} = 10V$，$R_L = 33k\Omega$，$R = 10k\Omega$，$C = 0.01\mu F$，试求输出脉冲宽度 t_w，并画出 u_i、u_C 和 u_o 的波形。

5-8　施密特触发器及其输入波形如图 5-44 所示，试求电路的正向阈值电压 U_{T+}、反向阈值电压 U_{T-} 及回差电压 ΔU，并画出输出波形。

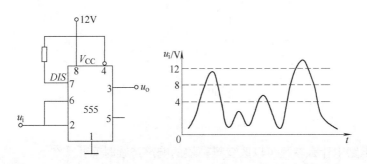

图 5-44　题 5-8 图

5-9　试用 555 定时器设计一个多谐振荡器，要求输出波形的振荡频率为 20Hz，占空比为 50%，电源电压为 10V。画出电路图，并选择外接元件。

5-10　图 5-45 所示是用 555 定时器组成的开机延时电路。若给定 $C = 25\mu\text{F}$，$R = 91\text{k}\Omega$，$V_{CC} = 12\text{V}$，试计算常闭开关 S 断开以后经过多长的延迟时间，u_o 才跳变为高电平。

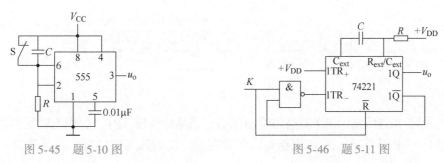

图 5-45　题 5-10 图　　　　　　　　图 5-46　题 5-11 图

5-11　图 5-46 所示电路是由集成单稳态触发器 74221 构成的可控型振荡器，K 为控制端。试问当 K 为何种状态（高电平还是低电平）时，电路才会振荡？

5-12　图 5-47 所示电路是用两个集成电路单稳态触发器 74121 所组成的脉冲变换电路，外接电阻和外接电容的参数如图中所示。试计算在输入触发信号 u_i 作用下 u_{o1}、u_{o2} 输出脉冲的宽度，并画出与 u_i 波形相对应的 u_{o1}、u_{o2} 的电压波形。

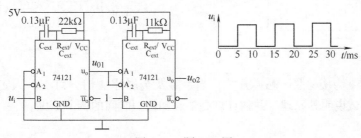

图 5-47　题 5-12 图

5-13　电路如图 5-48 所示，试分析：

（1）说明图中两个 555 分别接成什么电路？分析其工作原理。

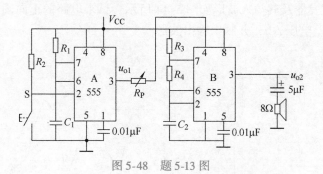

图 5-48　题 5-13 图

（2）改变电路中什么参数可以改变扬声器的响声持续时间？

（3）改变电路中什么参数可以改变扬声器的响声音调高低？

5-14　电路如图 5-49 所示，试分析电路的工作原理，并画出 u_{o1}、u_{o2} 的波形。

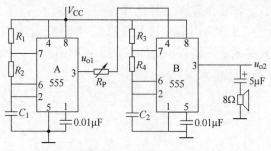

图 5-49　题 5-14 图

5-15　图 5-50 为简易 NPN 型晶体管测试器。当晶体管插入时，如蜂鸣器发声，则该晶体管是好的，否则是坏的，且 β 值越高，声音越响。说明其工作过程，并计算发声音调的频率。

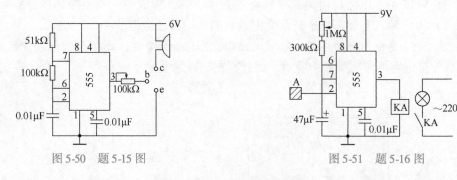

图 5-50　题 5-15 图　　　　图 5-51　题 5-16 图

5-16　图 5-51 为楼梯照明触摸开关，当手触及金属片 A 时，灯亮。人走后，过一段时间灯自动熄灭。试说明其原理，并估算灯亮最长和最短时间的调节范围。

任务6
多功能数字钟的设计与制作

任务布置

设计一个多功能数字钟，该数字钟具有准确计时，以数字形式显示时、分、秒的时间和校时功能，同时能仿广播电台整点报时。在计时出现误差时电路还可以进行校时和校分。为了使电路简单，所设计的电路可以不具备校秒的功能。具体要求如下：

1）具有时、分、秒记数显示功能，以24h循环计时。

2）要求数字钟具有清零、调节小时、分钟的功能。

3）具有整点报时，整点报时声响为仿广播电台报时：四低一高，最后一响为整点。

任务目标

1. 素质目标

1）自主学习能力的养成：理解数字钟单元电路间的逻辑关系。

2）职业审美的养成：注意电路布局与连接规范，使电路美观实用。

3）职业意识的养成：注意安全用电和劳动保护，同时注重6S的养成和环境保护。

4）工匠精神的养成：专心专注、精益求精要贯穿任务完成始终，不惧失败。

5）社会能力的养成：小组成员间要做好分工协作，注重沟通和能力训练。

2. 知识目标

掌握数字钟电路原理。

3. 能力目标

1）能设计数字钟电路。

2）能对数字钟整体电路进行仿真。

3）能装调数字钟电路。

4）学以致用，知行合一。

6.1 整体电路的设计与仿真

6.1.1 电路的设计

数字钟电路一般由时钟源（秒脉冲发生器）、计数器、译码显示电路、校时和整点报时等几部分组成，各部分的逻辑关系如图6-1所示。

图 6-1 中，时钟源是整个系统的时基信号，它直接决定计时系统的精度，一般用振荡器加分频器来实现。将标准秒脉冲信号送入秒计数器，该计数器采用六十进制计数器，每累计60s发出一个分脉冲信号，该信号将作为分计数器的时钟脉冲。分计数器也采用六十进制计数器，每累计60min发出一个时脉冲信号，该信号将被送到时计数器。时计数器采用二十四进制计数器，可以实现一天24h的累计。译码显示电路将时、分、秒计数器的输出状态经七段显示译码器译码，通过六位LED显示器显示出来。整点报时电路是根据计时系统的输出状态产生一个脉冲信号，然后去触发音频发生器实现报时。校时电路是用来对时、分、秒显示数字进行校对调整。其系统框图如图6-2所示。

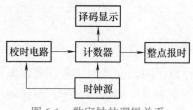

图 6-1 数字钟的逻辑关系

对于图6-2中各单元电路的设计和制作，任务2~任务5已经做了具体介绍，本任务主要完成对其整体电路的设计与安装。

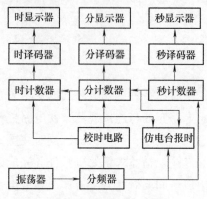

图 6-2 数字钟的系统框图

6.1.2 电路的仿真

根据任务2~任务5中各单元电路的设计，可以列出数字钟电路所需元器件清单，见表6-1。

1）启动 Multisim 10 后，单击基本界面工具条上的 Place TTL 按钮，调出2片74LS160、5片74LS390、6片74LS47放到电子工作台上。

2）单击基本界面工具条上的 Place CMOS 按钮，调出5片4011BP_5V、1片4012BP_5V、1片4069BCP_5V放到电子工作台上。

3）单击基本界面工具条上的 Place Basics 按钮，调出2个3.3kΩ电阻、2个2kΩ电阻、1个1kΩ电阻、1个51Ω电阻、1个25Ω电阻、1个5kΩ电位器、3个10nF电容、1个100nF电容、2个单刀单掷开关放到电子工作台上。

4）单击基本界面工具条上的 Place Transistor 按钮，调出一个NPN型晶体管2N2222A放到电子工作台上。单击基本界面工具条上的 Place Source 按钮，从中调出电源线和地线放到电子工作台上。

表 6-1　数字钟电路所需元器件清单

序号	名称	型号	数量	编号	备注
1	独石电容	0.01μF	3	C_1、C_2、C_3	
2	独石电容	0.1μF	1	C_4	
3	电阻	3.3kΩ	2	R_1、R_6	
4	电阻	2kΩ	2	R_3、R_4	
5	电阻	1kΩ	1		
6	电阻	51Ω	1		
7	电阻	25Ω	1	R_2	
8	IC	74LS390	5	U_1、U_2、U_3、U_{32}、U_{40}	
9	IC	74LS47	6	$U_{16}\sim U_{21}$	
10	IC	74LS00	5	U_{29}、U_{30}、U_{36}、U_{38}、U_{39}	或用 CC4011
11	IC	74LS04	1	U_{28}	或用 CC4012
12	IC	LM555	1	U_{31}	
13	LED	七段数码管	6	$U_{22}\sim U_{27}$	共阳极
14	开关	单刀	2	J_1、J_2	
15	电位器	5kΩ	1	R_5	

5）单击基本界面工具条上的 Place Indicators 按钮，调出 1 个蜂鸣器 DUZZER、6 个共阳极七段数码管 SEVEN_SED_COM_A，放到电子工作台上。

6）结合任务 2~任务 5 中各单元电路的设计，按图 6-2 连接数字钟仿真电路，如图 6-3 所示。

7）打开仿真开关进行仿真，观察数码管是否显示时间，报时和校时电路是否正常工作。

6.2　电路的装调

6.2.1　数字钟电路的安装

按图 6-3 所示电路绘制数字钟的 SCH 原理图，如图 6-4 所示。

将图 6-4 所示的电路原理图导入 PCB，然后对元器件进行合理布局并手工布线。布线时注意元器件的摆放位置，同时将焊盘尽量调大，线尽量布粗，电源线和地线要比信号线稍微粗一些，而且尽量避免线经过焊盘，以免焊接时出现短路。制作好的 PCB 图如图 6-5 所示。

按图 6-5 将元器件焊接到电路板上，焊接元器件时要使板子尽可能美观，避免出现虚焊。

安装电路时，要根据图 6-2 所示的数字钟系统组成框图、按照信号的流向分级安装，逐级级联。

1. 单元电路的安装

1）连接时钟源电路得 1kHz 脉冲信号，经 3 级十分频后得秒脉冲信号。

2）进行时、分、秒计数器的连接。

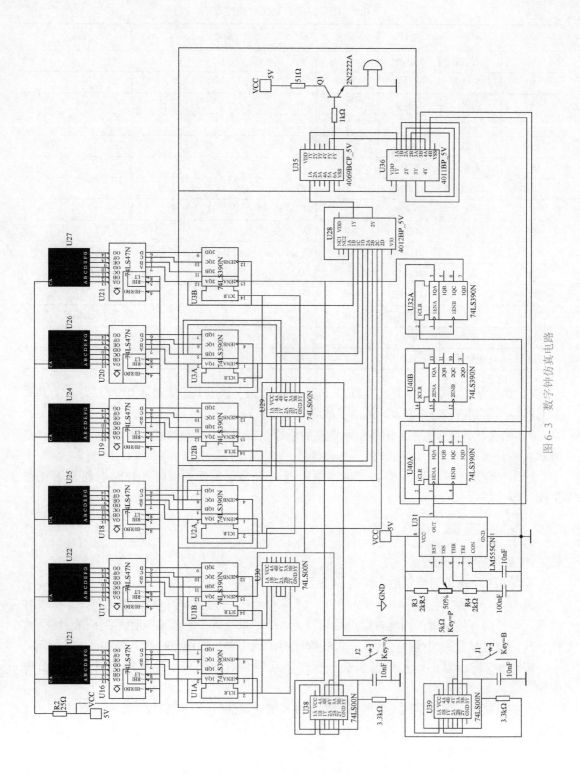

图 6 - 3　数字钟仿真电路

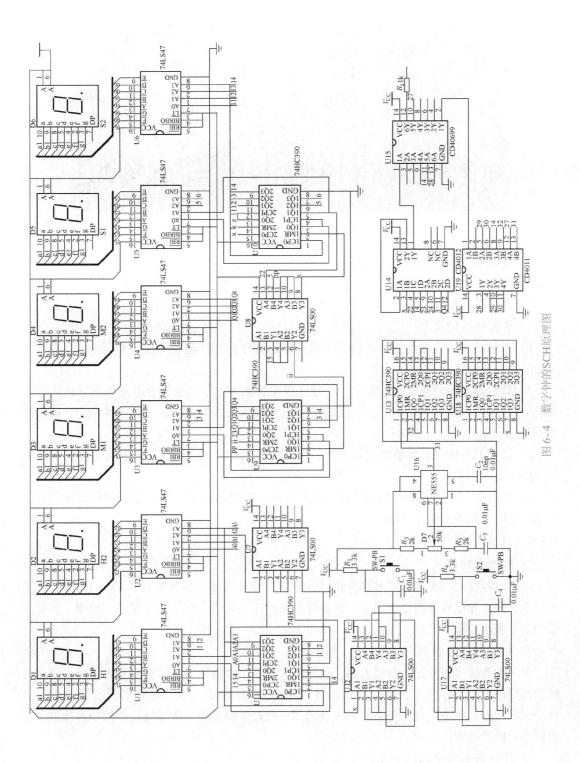

图6-4 数字钟的SCH原理图

图 6-5　数字钟的 PCB 图

3）连接译码显示电路。

4）连接校时和校分电路。

5）连接整点报时电路。

2. 单元电路的级联

1）秒脉冲与计数器及校时电路之间的连接。将秒脉冲送至秒个位计数器的 *CP* 输入端及校时和校分电路的校准输入端。

2）计数器与计数器之间的连接。将秒计数器的清零信号送至校分电路的正常输入端作为向分计数器的进位信号，将分计数器的清零信号送至校时电路的正常输入端作为向时计数器的进位信号。

3）计数器与译码显示器之间的连接。将计数器的输出 $Q_3Q_2Q_1Q_0$ 分别送至相应译码器的 *DCBA* 端。

4）计数器与整点报时电路的连接。按整点报时电路的要求，将计数器的相关输出端接到整点报时电路的相应输入端。

6.2.2　数字钟电路的调试

1. 时钟源的调试

用示波器检测 555 构成的时钟源输出信号的波形和频率，输出波形应为 1kHz 方波。若未出现，则首先检查电路是否正确，元器件参数和连接是否正确，芯片是否无故障，直到显示的信号满足要求。

2. 分频电路的调试

将时钟源输出信号送入分频电路，测试每片 74LS160 输出的波形频率是否正确，第一片输出波形应为 100Hz 方波，第二片输出波形应为 10Hz 方波，第三片输出波形应为 1Hz 方波。如果波形或频率不对，应一片一片地调试，检查电路连接是否正确，焊接是否标准，直至输出正确的波形。

3. 计时与显示电路的调试

将秒脉冲送至秒个位计数器的 *CP* 输入端，观察数码管的显示是否正常。若不显示，对照原理图检查计数器和译码驱动器是否正常工作。

4. 校时电路的调试

测试校时电路能否正常工作,通过按键操作,观察数码管是否按要求变化。若没有反应,则应检测1Hz的脉冲是否输入,按键是否连接正确,并测试门电路能否正常工作。

5. 电路的整体调试

电路连接好以后,如果出现时序配合不同步,或尖峰脉冲干扰,引起逻辑混乱,可以增加多级逻辑门来延时。如果显示字符变化很快,模糊不清,可能是由于电源电流的跳变引起的,可在集成电路器件的电源端 V_{CC} 加退耦滤波电容,通常用几十微法的大电容与 $0.01\mu F$ 的小电容相并联。经过联调并纠正设计方案中的错误和不足之处后,再测试电路的逻辑功能是否满足设计要求。

<h2 align="center">习 题</h2>

6-1 参照本任务,自己设计一个数字钟电路,要求如下:

(1) 准确计时,以数字形式显示时、分、秒的时间。

(2) 小时的计时要求为12翻1,分和秒的计时要求为60进位。

(3) 校正时间。

(4) 报整点时数。

6-2 对于你所设计的数字钟电路,回答下列问题:

(1) 标准秒脉冲信号是怎样产生的?振荡器的稳定度为多少?

(2) 校时电路在校时开关合上或断开时,是否出现过干扰脉冲?若出现应如何清除?

(3) 在电路调试中,是否出现过"竞争冒险"现象?如何采取措施消除的?

6-3 为什么数字电路的布线可以平行走线?

6-4 数字电路系统中,有哪些因素会产生脉冲干扰?其现象是什么?结合数字钟的实验现象举例说明。

6-5 你所了解的数字钟的扩展功能还有哪些?举例说明,并设计电路。

6-6 数字钟的应用还有哪些方面?举出几例说明,并画出设计的总体逻辑电路图。

任务7

$3\frac{1}{2}$位直流数字电压表的设计与制作
——认识A-D与D-A转换技术

任务布置

随着数字电子技术的迅速发展，数字电路已广泛应用到计算机、通信和自动控制等领域。如一个自动控制系统，首先将控制对象如温度、压力等经不同传感器转换为模拟电信号，而计算机能直接接收和处理的是数字信号，因此，必须将模拟信号转换成数字信号进行处理，然后再将这些数字信号转换为模拟信号去驱动执行部件，实施对控制对象的控制。能将模拟量转换为数字量的电路称为模-数转换器，简称 A-D 转换器或 ADC；能将数字量转换为模拟量的电路称为数-模转换器，简称 D-A 转换器或 DAC。

本任务要利用 ADC 设计和制作一个 $3\frac{1}{2}$ 位直流数字电压表，具体要求如下：

1）电压表的显示范围为 −1999 ~ 1999。

2）最高位只能为 0 或 1，低 3 位可以是 0 ~ 9 之间的任意数。

任务目标

1. 素质目标

1）自主学习能力的养成：完成模块 1 中相关知识点的学习，并能举一反三。

2）职业审美的养成：注意电路布局与连接规范，使电路美观实用。

3）职业意识的养成：注意安全用电和劳动保护，同时注重 6S 的养成和环境保护。

4）工匠精神的养成：专心专注、精益求精要贯穿任务完成始终，不惧失败。

5）社会能力的养成：小组成员间要做好分工协作，注重沟通和能力训练。

2. 知识目标

1）了解 D-A 转换技术原理。

2）掌握 DAC0832 的使用方法。

3）了解 A-D 转换技术原理。

4）掌握 ADC0809 使用方法。

3. 能力目标

1）了解 ADC 和 DAC 的应用场合。

2）能用 ADC 和 DAC 设计简单的应用电路。

3）学以致用，知行合一。

模块 1	必 备 知 识

7.1　D-A 转换技术

D-A 转换的作用是将数字信号量转换成模拟信号量。完成 D-A 转换的电路称为 D-A 转换器。D-A 转换器的种类很多，有权电阻网络 D-A 转换器、T 形和倒 T 形网络 D-A 转换器、权电容网络 D-A 转换器等，本节以权电阻网络 D-A 转换器为例介绍 DAC 的原理。

7.1.1　D-A 转换器

图 7-1 所示为一 4 位权电阻网络 D-A 转换器的电路原理图。

电路由权电阻网络电子模拟开关和放大器两部分组成，其中权电阻网络的电阻值是按 4 位二进制数的位权大小来取值的，低位最高为 2^3R，以后依次减半，高位最低为 2^0R。S_0、S_1、S_2、S_3 为 4 个模拟电子开关，分别受 4 个输入控制信号 D_0、D_1、

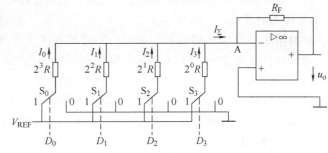

图 7-1　4 位权电阻网络 D-A 转换器

D_2、D_3 控制。D_i 为 1 时，S_i 接到 1 端；D_i 为 0 时，S_i 接到 0 端。运算放大器构成反相加法运算电路，则由图 7-1 可得

$$I_\Sigma = I_0 + I_1 + I_2 + I_3 = \frac{V_{REF}}{2^3 R}D_0 + \frac{V_{REF}}{2^2 R}D_1 + \frac{V_{REF}}{2^1 R}D_2 + \frac{V_{REF}}{2^0 R}D_3$$

$$= \frac{V_{REF}}{2^3 R}(2^3 D_3 + 2^2 D_2 + 2^1 D_1 + 2^0 D_0) \tag{7-1}$$

令 $R_F = \frac{1}{2}R$，则

$$u_o = -I_\Sigma R_F = -\frac{V_{REF}}{2^4}(2^3 D_3 + 2^2 D_2 + 2^1 D_1 + 2^0 D_0) \tag{7-2}$$

由式(7-1) 和式(7-2) 可知，流入运算放大器节点 A 的电流和运算放大器的模拟输出电压均与输入的二进制数成正比，故此网络可以实现数字量到模拟量的转换。

将式(7-1) 推广到 n 位权电阻网络 D-A 转换器，输出电压的公式可以写成

$$u_o = -I_\Sigma R_F = -\frac{V_{REF}}{2^n}(2^{n-1} D_{n-1} + 2^{n-2} D_{n-2} + \cdots + 2^1 D_1 + 2^0 D_0) \tag{7-3}$$

权电阻网络 D-A 转换器的优点是电路简单，电阻使用量少，转换原理容易掌握；缺点是所用电阻依次减半，则需要转换的位数越多，电阻差别就越大，在集成制造工艺上就越难实现。为了克服这个缺点，可采用 T 形或倒 T 形电阻网络 D-A 转换器。

7.1.2　D-A 转换器的主要技术指标

1. 分辨率

分辨率是说明 D-A 转换器输出最小电压的能力。它是指 D-A 转换器模拟输出所产生的最小输出电压 U_{LSB}（对应的输入数字量仅最低位为 1）与最大输出电压 U_{FSR}（对应的输入数

字量各有效位全为1）之比，即

$$分辨率 = \frac{1}{2^n - 1} \tag{7-4}$$

例如，对于8位 DAC，其分辨率为 $\frac{1}{2^8 - 1} \approx 0.004$

对于10位 DAC，其分辨率为 $\frac{1}{2^{10} - 1} \approx 0.000978$

如果输出模拟电压为10V，则8位和10位 DAC 能分辨的最小电压分别为 0.04V 和 0.00978V。所以，D-A 转换器位数越多，分辨输出最小电压的能力越强。

2. 转换精度

转换精度是指 D-A 转换器实际输出的模拟电压值与理论输出模拟电压值之间的最大误差，常以百分数来表示。例如某 D-A 转换器的输出模拟电压满刻度值为10V，转换精度为2%，则其输出电压的最大误差为 $10V \times 2\% = 200mV$。

转换精度是一个综合指标，不仅与器件参数、精度有关，而且还与环境温度、运算放大器的温漂以及 D-A 转换器的位数有关，一般情况下要求 D-A 转换器的误差小于 $U_{LSB}/2$。

3. 转换时间

转换时间是指 D-A 转换器从输入数字信号开始到输出模拟电压或电流达到稳定值时所用的时间，即转换器的输入变化为满度值（输入由全1变为全0，或由全0变为全1）时，其输出达到稳定值所需要的时间。转换时间越小，D-A 转换器的工作速度就越快。

7.1.3 集成 D-A 转换器器件介绍

集成 D-A 转换器器件种类较多，下面以 DAC0832 为例做一简单介绍。

1. 电路结构和引脚功能

DAC0832 是8位分辨率 D-A 转换集成芯片，与处理器完全兼容，其价格低廉，接口简单，转换控制容易，在单片机应用系统中得到了广泛的应用。DAC0832 由8位输入寄存器、8位 DAC 寄存器、8位 D-A 转换电路及转换控制电路构成。图7-2 所示为其内部结构框图，其中8位 D-A 转换电路由8位 T 形电阻网络和电子开关组成。

DAC0832 的 D-A 转换结果采用电流形式（I_{O1}、I_{O2}）输出。若需要相应的模拟电压信号，可通过一个高输入阻抗的线性运算放大器实现。运放的反馈电阻可通过 R_F 端引用片内固有电阻，也可通过 R_F 端外接。

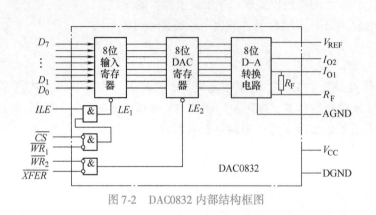
图7-2 DAC0832 内部结构框图

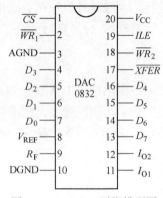
图7-3 DAC0832 引脚排列图

图 7-3 所示为 DAC0832 的引脚排列图。各引脚功能如下：

$D_0 \sim D_7$：数据输入线，TTL 电平。

ILE：输入允许信号端，高电平有效，即只有 $ILE = 1$ 时，输入寄存器才打开。

$\overline{CS}$：片选信号输入线，低电平有效。

$\overline{WR_1}$：数据输入选通信号端（或称写输入信号端），低电平有效。由 ILE、$\overline{CS}$、$\overline{WR_1}$ 的逻辑组合产生$\overline{LE_1}$（见图 7-2），当 $ILE = 1$、$\overline{CS} = 0$、$\overline{WR_1} = 0$ 时，$\overline{LE_1} = 1$，为高电平，输入寄存器被打开，其输出随输入数据的变化而变化，$\overline{LE_1}$ 负跳变时将输入新数据锁存。

$\overline{XFER}$：数据传送控制信号端，低电平有效。

$\overline{WR_2}$：为 DAC 寄存器写选通信号端。由 $\overline{WR_2}$、$\overline{XFER}$ 的逻辑组合产生$\overline{LE_2}$（见图 7-2），当$\overline{LE_2}$ 为高电平时，DAC 寄存器的输出随寄存器的输入而变化，$\overline{LE_2}$ 负跳变时将数据锁存器的内容送入 DAC 寄存器并开始 D-A 转换。

I_{01}：模拟电流输出端。当输入全为 1 时，I_{01}最大；当输入全为 0 时，$I_{01} = 0$，为最小。

I_{02}：模拟电流输出端，其值与 I_{01} 之和为一常数。

R_F：为外接运算放大器提供的反馈电阻引出端，改变 R_F 端外接电阻值可调整转换满量程精度。

V_{CC}：电源接线端（5~15V）。

V_{REF}：基准电压接线端（ –10~10V）。

AGND：模拟电路接地端。

DGND：数字电路接地端，通常与模拟电路接地端在基准电源处相连。

2. 工作特点和使用方法

因为有两级锁存器，DAC0832 可以工作在双缓冲器方式，即在输出模拟信号的同时采集下一个数字量，这样能有效地提高转换速度。此外，两级锁存器还可以在多个 D-A 转换器同时工作时，利用第二级锁存信号来实现多个转换器同步输出。当 ILE 有效和$\overline{CS}$有效时，该芯片在$\overline{WR_1}$ 也有效的时刻，才将 $D_7 \sim D_0$ 数据线上的数据送入到输入寄存器中；当$\overline{WR_2}$ 和$\overline{XFER}$同时有效时，才将输入寄存器中的数据传送至 DAC 寄存器。

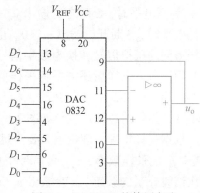

图 7-4　DAC0832 的使用方法

由于 DAC0832 中不包含运算放大器，所以需要外接运算放大器，才能构成完整的 D-A 转换器，其接线图如图 7-4 所示。

7.2　A-D 转换技术

A-D 转换的作用是将模拟信号量转换成数字信号量。完成 A-D 转换的电路称为 A-D 转换器，或写为 ADC。

7.2.1　A-D 转换原理

在 A-D 转换器中，输入的模拟量在时间上是连续变化的信号，而输出则是在时间、幅度上都是离散的数字量。要将模拟信号转换成数字信号，首先要按一定的时间间隔抽取模拟信号，即采样，然后将抽取的模拟信号保持一段时间，以便进行转换。一般采样和保持用一个电路实现，称为采样-保持电路。接着将采样-保持下来的采样值进行量化和编码，转换成数字量输出。因此，一般的 A-D 转换过程是通过采样、保持、量化和编码四个步骤来完成的，如图 7-5 所示。

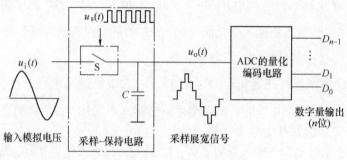

图 7-5   A-D 转换一般过程

1. 采样和保持

采样就是对连续变化的模拟信号进行等间隔的抽取样值，也就是对连续变化的模拟信号进行周期性的测量。采样电路通常是一个受控的电子模拟开关，如图 7-5 所示。电子模拟开关在采样脉冲 $u_s(t)$ 的作用下做周期性的变化，当 u_s 为高电平时，S 闭合，输出 $u_o = u_i$；当 u_s 为低电平时，S 断开，输出 $u_o = 0$。由于将每次采样得到的模拟信号转换为数字信号需要一定的时间，所以采样后还需要将采样信号保持一定的时间，图 7-5 中 S 断开时，C 上的电压保持不变，为保持过程。波形如图 7-6 所示。

根据采样定理，理论上只要满足 $f_s \geq 2f_{imax}$（式中 f_s 是采样频率，f_{imax} 是信号中所包含最高次谐波分量的频率），就能将 $u_o(t)$ 不失真地还原成 $u_i(t)$。由于电路元器件不可能达到理想要求，通常取 $f_s > 5f_{imax}$，才能保证还原后信号不失真。

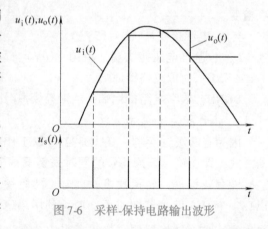

图 7-6   采样-保持电路输出波形

2. 量化和编码

输入的模拟电压经过采样-保持后，得到的是阶梯波，如图 7-5 所示。而该阶梯波仍是一个可以连续取值的模拟量，将采样后的样值电平归化到与之接近的离散电平上，这个过程称为量化。量化的方法一般有两种：只

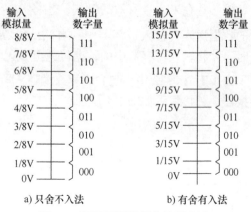

a) 只舍不入法   b) 有舍有入法

图 7-7   两种不同的量化编码方法

舍不入法和有舍有入法。如将模拟值为1V以内的模拟量用三位数字量表示出来,则两种不同的量化编码方法如图7-7所示。

将量化的数值用二进制代码表示,称为编码。这个二进制代码便是A-D转换器的输出信号。

7.2.2 A-D转换器

A-D转换器有直接A-D转换器和间接A-D转换器两大类。

直接A-D转换器是通过一套基准电压与取样-保持电压进行比较,从而直接将模拟量转换成数字量。其特点是工作速度高,转换精度容易保证,调准也比较方便。直接A-D转换器有计数型、逐次比较型、并行比较型等。

间接A-D转换器是将取样后的模拟信号先转换成中间变量时间 t 或频率 f,然后再将 t 或 f 转换成数字量。其特点是工作速度较低,但转换精度可以做得较高,且抗干扰性强。间接A-D转换器有单次积分型、双积分型等。

下面以最常见的逐次比较型A-D转换器为例介绍其工作原理。

逐次比较型A-D转换器又称为逐次逼近型ADC或逐次渐近型ADC,它是通过对模拟量不断地逐次比较、鉴别,直到最末一位为止,它类似于用天平称量物重的过程。逐次比较型A-D转换器原理框图如图7-8所示。

由图7-8可见,逐次比较型A-D转换器由寄存器、D-A转换器、电压比较器、顺序脉冲发生器和控制电路等部分组成的。转换开始前先将所有寄存器清零,转换开始后,在时钟脉冲作用下,顺序脉冲发生器产生一系列节拍脉冲,寄存器受顺序脉冲发生器及控制电路的控制,逐位改

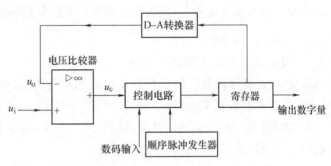

图7-8 逐次比较型A-D转换器原理框图

变其中的数码。先将寄存器的最高位置1,使其输出数字为10000000(设寄存器为8位),经内部的D-A转换器转换成相应的模拟电压 u_o,再送到比较器与采样-保持电压 u_i 相比较。如果 $u_i < u_o$,表明数字信号过大,于是将最高位的1清除,变为0;若 $u_i > u_o$,表明寄存器内的数字信号比模拟信号小,则最高有效位1保留。然后再将次高位寄存器置1,同理,寄存器的输出经D-A转换并与模拟信号比较,根据比较结果,决定次高位的1清除或保留。这样,逐位比较下去,一直比较到最低有效位为止。显然,寄存器内最后的数字就是A-D转换后的数字信号。

7.2.3 A-D转换器的主要技术指标

1. 分辨率

分辨率用来反映A-D转换器对输入模拟信号的分辨能力。从理论上讲,一个 n 位二进制数输出的A-D转换器应能区分输入模拟电压的 2^n 个不同量级,即

$$分辨率 = \frac{1}{2^n} \tag{7-5}$$

该分辨率下能够区分的最小输入模拟信号为 $\dfrac{u_i}{2^n}$，其中 u_i 是输入的满量程模拟电压，n 为 A-D 转换器的位数。显然，位数越多，A-D 转换器可以分辨的最小模拟电压值就越小，分辨率越高。

例如，A-D 转换器的输出为 12 位二进制数，最大输入模拟信号为 10V，则其分辨率为 $\dfrac{1}{2^{12}} \approx 0.0244\%$，能够区分的最小输入模拟信号为 $10V \times 0.0244\% = 2.44mV$。

2. 转换时间

转换时间是指从接到转换控制信号开始，到输出端得到稳定的数字输出信号所需要的时间。通常用完成一次 A-D 转换操作所需的时间来表示转换速度。转换时间越短，说明转换速度越快。

双积分型 A-D 转换器的转换速度最慢，需几百毫秒；逐次比较型 A-D 转换器的转换速度较快，需几十微秒；并行比较型 A-D 转换器的转换速度最快，仅需几十纳秒。

3. 转换误差

转换误差表示 A-D 转换器实际输出的数字量和理论上输出的数字量之间的差别，常用最低有效位的倍数表示。

例如，转换误差 $\leqslant \dfrac{LSB}{2}$，就表明实际输出的数字量和理论上应得到的输出数字量之间的误差小于最低位的半个字。

7.2.4 集成 A-D 转换器器件介绍

集成 ADC 器件种类较多，下面以 ADC0809 为例做一简单介绍。

1. 电路结构和引脚功能

ADC0809 是一种普遍使用且成本较低的、由 National 半导体公司生产的 CMOS 材料 A-D 转换器，其原理框图如图 7-9 所示。

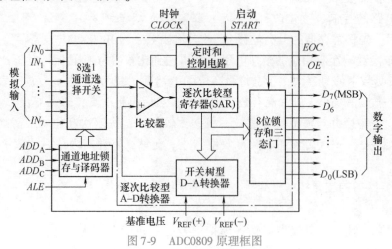

图 7-9　ADC0809 原理框图

由图 7-9 可见，ADC0809 内部包含一个 8 选 1 通道选择开关、一个通道地址锁存与译码器及一个逐次比较型A-D转换器。

通道地址锁存与译码器通过 ADD_A、ADD_B、ADD_C 三个地址选择端及译码作用控制 8 选

1 通道选择开关,选通 8 路模拟输入信号中的一路进行 A-D
转换,实现分时采样 8 路模拟信号。逐次比较型 A-D 转换
器包括比较器、开关树型 D-A 转换器、逐次比较型寄存
器、8 位锁存和三态门、定时和控制电路,转换的数据从
逐次比较型寄存器传送到 8 位锁存器后经三态门输出。

图 7-10 所示为 ADC0809 的引脚排列图。各引脚功能
如下:

$IN_0 \sim IN_7$:8 路模拟输入信号送入端,通过 3 根地址
译码线 ADD_A、ADD_B、ADD_C 来选通一路。

ADD_A、ADD_B、ADD_C:模拟通道选择地址信号,
ADD_A 为低位,ADD_C 为高位。地址信号与选中通道的对应
关系见表 7-1。

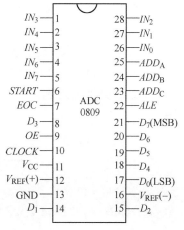

图 7-10　ADC0809 引脚排列图

表 7-1　地址信号与选中通道的对应关系

地址			选中通道	地址			选中通道
ADD_C	ADD_B	ADD_A		ADD_C	ADD_B	ADD_A	
0	0	0	IN_0	1	0	0	IN_4
0	0	1	IN_1	1	0	1	IN_5
0	1	0	IN_2	1	1	0	IN_6
0	1	1	IN_3	1	1	1	IN_7

$D_7 \sim D_0$:A-D 转换后的数据输出端,为三态可控输出,故可直接和微处理器数据线连
接。8 位排列顺序是 D_7 为最高位,D_0 为最低位。

$V_{REF}(+)$、$V_{REF}(-)$:正、负参考电压输入端,用于提供片内 DAC 电阻网络的基准电
压。单极性输入时,$V_{REF}(+)=5V$,$V_{REF}(-)=0V$;双极性输入时,$V_{REF}(+)$、$V_{REF}(-)$分
别接正、负极性的参考电压。

ALE:地址锁存允许信号端,高电平有效。当此信号有效时,ADD_A、ADD_B、ADD_C 三位
地址信号被锁存,译码选通对应模拟通道。在使用时,该信号常和 $START$ 信号连在一起,
以便同时锁存通道地址和启动 A-D 转换。

$START$:A-D 转换启动信号端,正脉冲有效。加于该端的脉冲的上升沿使逐次比较型寄
存器清零,下降沿开始 A-D 转换。如正在进行转换时又接到新的启动脉冲,则原来的转换
进程被中止,重新从头开始转换。

EOC:转换结束信号端,高电平有效。该信号端在 A-D 转换过程中为低电平,其余时间
为高电平。该信号可作为被 CPU 查询的状态信号,也可作为对 CPU 的中断请求信号。在需
要对某个模拟量不断采样、转换的情况下,EOC 也可作为启动信号反馈接到 $START$ 端,但
在刚加电时需由外电路第一次启动。

OE:输出允许信号端,高电平有效。当 OE 为高电平时,ADC0809 的输出三态门被打
开,使转换结果通过数据总线被读走。

2. 工作特点和使用说明

ADC0809 的工作过程是:首先输入 3 位地址,并使 $ALE=1$,将地址存入通道地址锁存
器中,此地址经译码选通 8 路模拟输入之一到比较器。$START$ 上升沿将逐次比较型寄存器复

位，下降沿启动 A-D 转换，之后 *EOC* 输出信号变低，指示转换正在进行。直到 A-D 转换完成，*EOC* 变为高电平，指示 A-D 转换结束，结果数据已存入锁存器，这个信号可用作中断申请。当 *OE* 输入高电平时，输出三态门打开，转换结果的数字量输出到数据总线上。

模拟输入通道的选择可以相对于转换开始操作独立地进行，当然，不能在转换过程中进行。然而通常是把通道选择和启动转换结合起来完成，因为 ADC0809 的时间特性允许这样做。

模块 2 相关技能训练

7.3 ADC0809 和 DAC0832 的使用练习

1. 训练目的

1）了解 D-A 和 A-D 转换器的基本工作原理和基本结构。

2）掌握大规模集成 D-A 和 A-D 转换器的功能及其典型应用。

2. 设备与元器件

5V、15V 直流电源，双踪示波器，连续脉冲器，单次脉冲器，逻辑电平开关，逻辑电平显示器，直流数字电压表，DAC0832，ADC0809，μA741，电位器、电阻、电容若干。

3. 电路原理

(1) DAC0832 的应用电路 DAC0832 输出的是电流，要转换为电压，还必须经过一个外接的运算放大器，最简单的连接电路如图 7-11 所示。电路接成直通方式，即 $\overline{CS}$、$\overline{WR_1}$、$\overline{WR_2}$、$\overline{XFER}$接地；*ILE*、V_{CC}、V_{REF}接 5V 电源；运放电源接 ±15V。

(2) ADC0809 的应用电路 ADC0809 的应用电路如图 7-12 所示。8 路输入模拟信号 1～4.5V，由 5V 电源经电阻 R 分压组成。

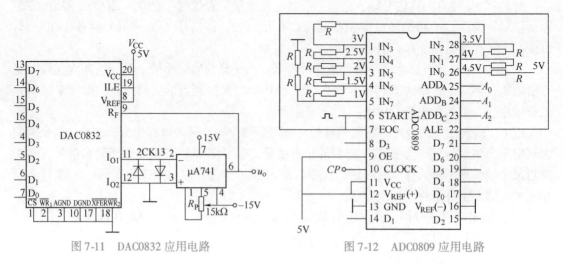

图 7-11 DAC0832 应用电路　　　图 7-12 ADC0809 应用电路

4. 训练内容与步骤

(1) DAC0832 的使用练习 按图 7-11 连接训练电路，$D_0 \sim D_7$ 接逻辑开关的输出插口，

输出端 u_o 接直流数字电压表。

1）调零。令 $D_0 \sim D_7$ 全置零，调节运放的电位器，使 μA741 输出为零。

2）按表7-2所列的输入数字信号，用数字电压表测量运放的输出电压 u_o，将测量结果填入表中，并与理论值进行比较。

表7-2　DAC0832 测试结果

输入数字量								输出模拟量 u_o/V
D_7	D_6	D_5	D_4	D_3	D_2	D_1	D_0	$V_{CC}=5$V
0	0	0	0	0	0	0	0	
0	0	0	0	0	0	0	1	
0	0	0	0	0	0	1	0	
0	0	0	0	0	1	0	0	
0	0	0	0	1	0	0	0	
0	0	0	1	0	0	0	0	
0	0	1	0	0	0	0	0	
0	1	0	0	0	0	0	0	
1	0	0	0	0	0	0	0	
1	1	1	1	1	1	1	1	

（2）ADC0809 的使用练习

1）按图7-12连接训练电路，变换结果 $D_0 \sim D_7$ 接逻辑电平显示器输入插口，CP 时钟脉冲由连续脉冲器提供，取 $f=100$kHz；$A_0 \sim A_2$ 地址端接逻辑电平开关输出插口。接通电源后，在启动端（$START$）加一正单次脉冲，下降沿一到即开始A-D转换。

2）按表7-3的要求观察，记录 $IN_0 \sim IN_7$ 八路模拟信号的转换结果，将转换结果换算成十进制数表示的电压值，并与数字电压表实测的各路输入电压值进行比较，分析误差原因。

表7-3　ADC0809 测试结果

被选模拟通道	输入模拟量	地址			输出数字量								
IN	u_i/V	A_2	A_1	A_0	D_7	D_6	D_5	D_4	D_3	D_2	D_1	D_0	十进制
IN_0	4.5	0	0	0									
IN_1	4.0	0	0	1									
IN_2	3.5	0	1	0									
IN_3	3.0	0	1	1									
IN_4	2.5	1	0	0									
IN_5	2.0	1	0	1									
IN_6	1.5	1	1	0									
IN_7	1.0	1	1	1									

5. 训练总结

1）分析讨论训练中出现的故障及其排除方法。

2）整理数据，分析训练结果。

3）写出训练总结报告。

7.4　$3\frac{1}{2}$位直流数字电压表的制作

7.4.1　$3\frac{1}{2}$位直流数字电压表的设计

直流数字电压表的原理框图如图 7-13 所示。

被测直流电压 U_i → ADC → 显示译码器 → LED数码管

图 7-13　直流数字电压表的原理框图

所谓 $3\frac{1}{2}$ 位是指该电压表的显示范围为 $-1999 \sim 1999$ ，其中，最高位只能为 0 或 1 ，低

3 位可以是 $0 \sim 9$ 之间的任意数。故图中的 ADC 可选 MC14433，它是 $3\frac{1}{2}$ 位双积分 A-D 转换

器，其引脚排列图如图 7-14 所示。各引脚功能如下：

V_{AG}：V_{REF} 和 V_I 的参考地。

V_{REF}：参考电压输入端。

V_I：被测模拟电压输入端。

R_1、R_1/C_1、C_1：外接积分阻容元件。

C_{01}、C_{02}：失调电压补偿电容接线端（典型值为 $0.01\mu F$）。

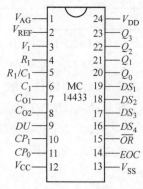

图 7-14　MC14433 引脚排列图

DU：实时输出控制端。只要将 EOC 输出信号接到 DU 端，

则输出是每次转换后新的结果。

CP_1：时钟信号输入端，使用外部时钟信号时由此输入。

CP_0：时钟信号输出端。

V_{DD}：正电源输入端。

V_{SS}：电源公共端，通常与 V_{AG} 相连。

DS_1：输出数字千位的选通脉冲输出端。

DS_2：输出数字百位的选通脉冲输出端。

DS_3：输出数字十位的选通脉冲输出端。

DS_4：输出数字个位的选通脉冲输出端。

$\overline{OR}$：过量程信号输出端。

EOC：转换周期结束信号输出端。

$Q_0 \sim Q_3$：转换结果输出端（8421BCD 编码）。

V_{CC}：负电源输入端。

MC14433 具有自动调零和自动转换极性等功能，可测量正、负电压，在 CP_1、CP_0 两端接入 470kΩ 电阻时，时钟频率约为 66kHz ，每秒可进行 4 次 A-D 转换。

$3\frac{1}{2}$位直流数字电压表需要 4 个 LED 数码管作显示部件，这 4 个数码管可用一个显示译码器驱动，由 MC14433 的 4 个选通输出端($DS_1 \sim DS_4$)输出的扫描信号轮流扫描显示。若选共阴数码管，显示译码器可选 CC4511 或 74LS48。$3\frac{1}{2}$ 位直流数字电压表的原理图如图 7-15 所示。其中 MC1413 为达林顿晶体管驱动器，用于驱动 LED 数码管。

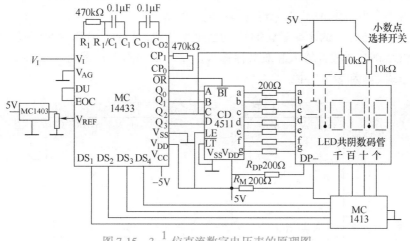

图 7-15 $3\frac{1}{2}$ 位直流数字电压表的原理图

MC1403 为能隙基准电压源，向 MC14433 提供稳定的基准电压 V_{REF}。被测直流电压 V_I 经 A-D 转换后以动态扫描形式输出，数字量输出端 $Q_0 \sim Q_3$ 上的数字按照先后顺序输出。位选信号 DS_1、DS_2、DS_3、DS_4 通过 MC1413 分别控制着千位、百位、十位、个位上的四只 LED 数码管的共阴极。数字信号经显示译码器 CD4511 译码后，驱动四只 LED 数码管的各段阳极。这样就把 A-D 转换器按时间顺序输出的数据以扫描形式在四只数码管上依次显示出来。

7.4.2 $3\frac{1}{2}$ 位直流数字电压表的组装与调试

按图 7-15 在实验板上插接电路。

若要求满量程为 1.999V，则将 V_{REF} 调为 2V。

若要求满量程为 199.9mV，则将 V_{REF} 调为 200mV，小数点显示的控制可以通过小数点选择开关实现。

调整无误后将元器件焊接到电路板上即可。

习 题

7-1 填空题

（1）DAC 中最小输出电压是指当输入数字量_____时的输出电压，最大输出电压是指当输入数字量_____时的输出电压。

（2）DAC 的分辨率可用_____表示，对于一个 8 位 DAC，其分辨率为_____。

（3）一般情况下要求 DAC 的转换误差应小于_____。

（4）一般 ADC 的转换过程是经过_____、_____、_____和_____四个步骤完成的。

（5）ADC 的分辨率可用_____表示，对于一个输入电压为 5V 的 8 位 ADC，其分辨率为_____。

7-2 已知某 10 位 DAC 的最大输出电压 $U_m = 5V$，试求其分辨率和最小分辨电压。

7-3 某 8 位 ADC 输入电压范围为 0 ~ 5V，当输入电压分别为 2.24V 和 3.92V 时，其输出二进制数各为多少？该 ADC 能分辨的最小电压为多少？

7-4 设 $V_{REF} = 5V$，试计算 DAC0832 的数字量分别为 01H、81H 时的模拟电压输出值。

7-5 ADC0809D 单极性输入和双极性输入电路分别如图 7-16 所示，试将该电路的转换结果分别填于表 7-4 和表 7-5 中。

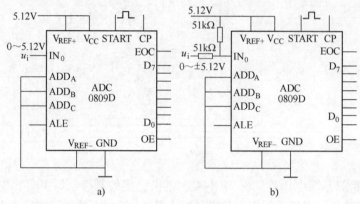

图 7-16 题 7-5 图

表 7-4 单极性输入

V_{REF+}/V	u_i/V	$D_7 \sim D_0$
5.12	5.10	
	2.56	
	0	

表 7-5 双极性输入

V_{REF+}/V	u_i/V	$D_7 \sim D_0$
5.12	5.12	
	0	
	−5.08	

附 录

附录 A　常用逻辑符号新旧对照表

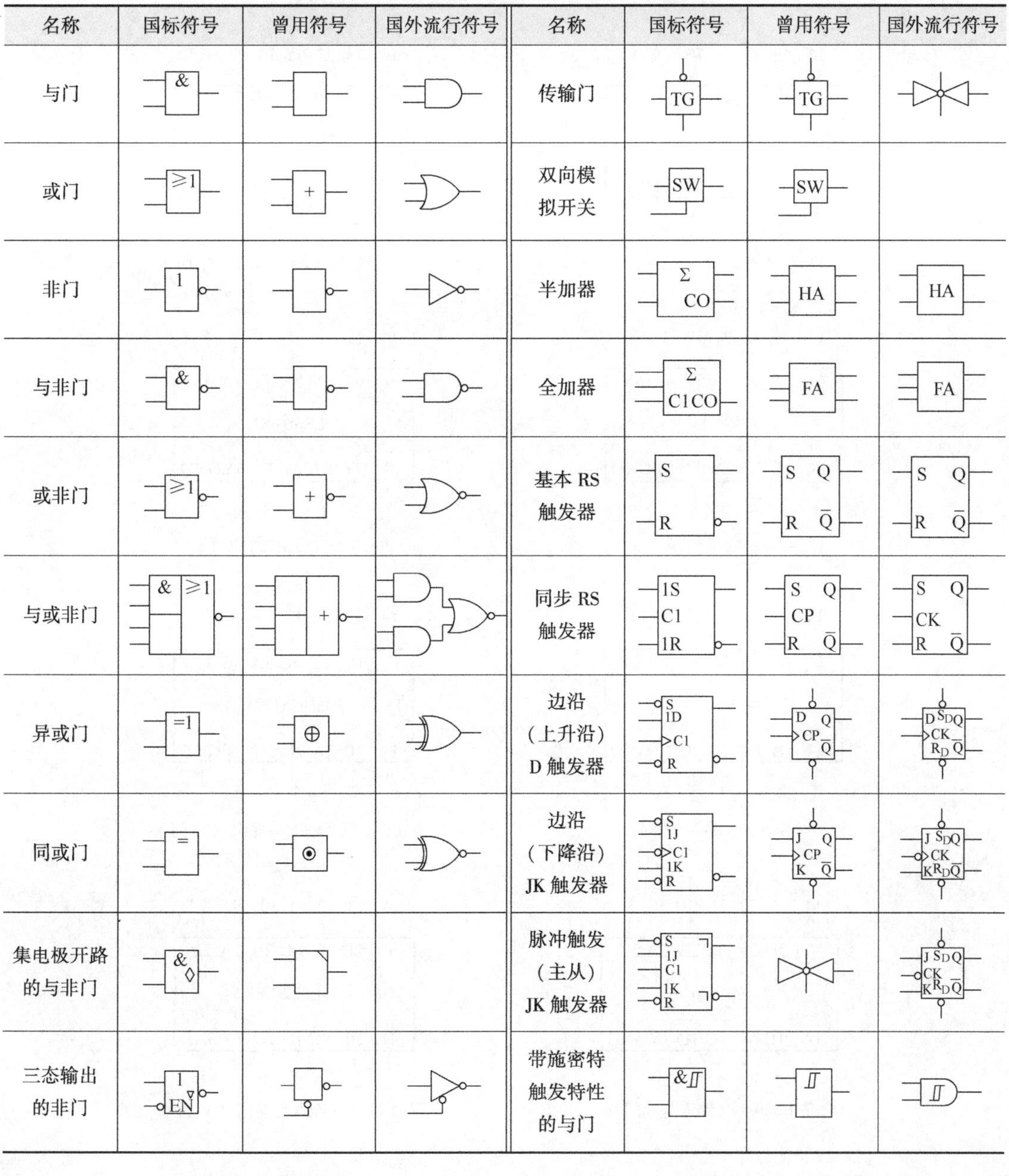

名称	国标符号	曾用符号	国外流行符号	名称	国标符号	曾用符号	国外流行符号
与门	&			传输门	TG	TG	
或门	≥1	+		双向模拟开关	SW	SW	
非门	1			半加器	Σ CO	HA	HA
与非门	&			全加器	Σ C1CO	FA	FA
或非门	≥1	+		基本 RS 触发器	S R	S Q R $\bar{Q}$	S Q R $\bar{Q}$
与或非门	& ≥1	+		同步 RS 触发器	1S C1 1R	S Q CP R $\bar{Q}$	S Q CK R $\bar{Q}$
异或门	=1	⊕		边沿（上升沿）D 触发器	S 1D C1 R	D Q CP $\bar{Q}$	D S Q CK R D $\bar{Q}$
同或门	=	⊙		边沿（下降沿）JK 触发器	S 1J C1 1K R	J Q K $\bar{Q}$	J S Q CK R D $\bar{Q}$
集电极开路的与非门	& ◇			脉冲触发（主从）JK 触发器	S 1J C1 1K R		J S Q CK R D $\bar{Q}$
三态输出的非门	1 EN			带施密特触发特性的与门	& �榁		

193

附录 B 常用数字集成电路引脚排列图

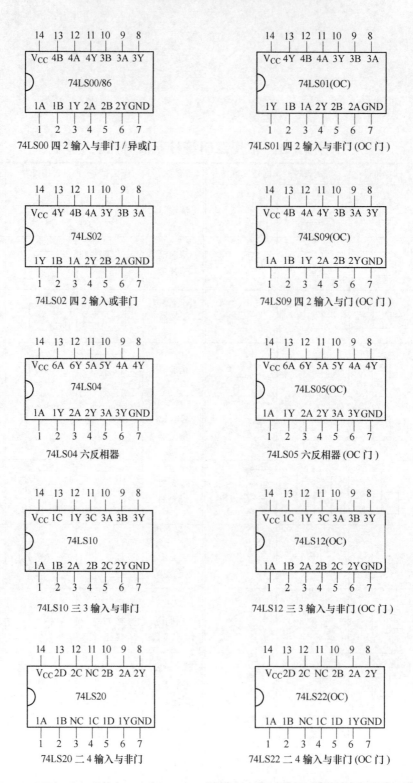

74LS00 四 2 输入与非门 / 异或门

74LS01 四 2 输入与非门 (OC 门)

74LS02 四 2 输入或非门

74LS09 四 2 输入与门 (OC 门)

74LS04 六反相器

74LS05 六反相器 (OC 门)

74LS10 三 3 输入与非门

74LS12 三 3 输入与非门 (OC 门)

74LS20 二 4 输入与非门

74LS22 二 4 输入与非门 (OC 门)

74LS27 三3输入或非门

74LS30 8 输入与非门

74LS51 3-3 输入 / 2-2 输入与或非门

74LS54 2-3-3-2 输入与或非门

74LS42 4 线 -10 线 8421BCD 码译码器

74LS47/48 七段显示译码器

74LS74 双 D 触发器

74LS75 四 D 锁存器

74LS76 双 JK 触发器

74LS85 四位数值比较器

74LS90 异步二-五-十进制计数器

74LS93 异步二-八-十六进制计数器

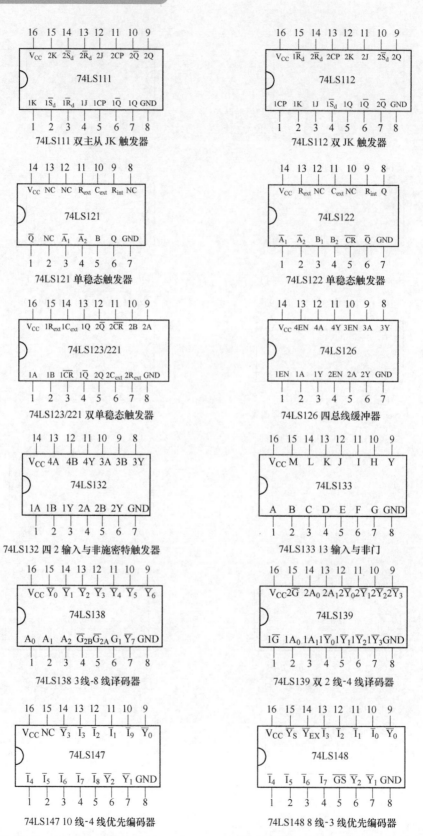

74LS111 双主从 JK 触发器

74LS112 双 JK 触发器

74LS121 单稳态触发器

74LS122 单稳态触发器

74LS123/221 双单稳态触发器

74LS126 四总线缓冲器

74LS132 四 2 输入与非施密特触发器

74LS133 13 输入与非门

74LS138 3线-8 线译码器

74LS139 双 2 线-4 线译码器

74LS147 10 线-4 线优先编码器

74LS148 8 线-3 线优先编码器

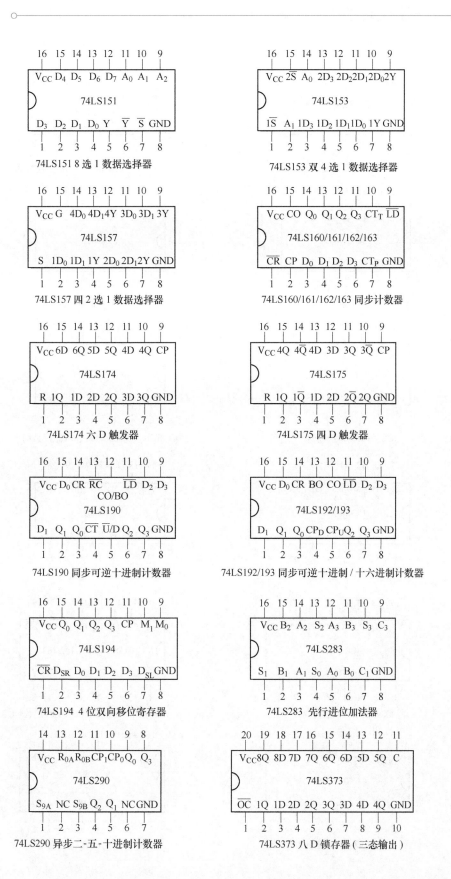

16 15 14 13 12 11 10 9

V_CC D_4 D_5 D_6 D_7 A_0 A_1 A_2

74LS151

D_3 D_2 D_1 D_0 Y $\overline{Y}$ $\overline{S}$ GND

1 2 3 4 5 6 7 8

74LS151 8 选 1 数据选择器

16 15 14 13 12 11 10 9

V_CC $\overline{2S}$ A_0 2D_3 2D_2 2D_1 2D_0 2Y

74LS153

$\overline{1S}$ A_1 1D_3 1D_2 1D_1 1D_0 1Y GND

1 2 3 4 5 6 7 8

74LS153 双 4 选 1 数据选择器

16 15 14 13 12 11 10 9

V_CC G 4D_0 4D_1 4Y 3D_0 3D_1 3Y

74LS157

S 1D_0 1D_1 1Y 2D_0 2D_1 2Y GND

1 2 3 4 5 6 7 8

74LS157 四 2 选 1 数据选择器

16 15 14 13 12 11 10 9

V_CC CO Q_0 Q_1 Q_2 Q_3 CT_T $\overline{LD}$

74LS160/161/162/163

$\overline{CR}$ CP D_0 D_1 D_2 D_3 CT_P GND

1 2 3 4 5 6 7 8

74LS160/161/162/163 同步计数器

16 15 14 13 12 11 10 9

V_CC 6D 6Q 5D 5Q 4D 4Q CP

74LS174

R 1Q 1D 2D 2Q 3D 3Q GND

1 2 3 4 5 6 7 8

74LS174 六 D 触发器

16 15 14 13 12 11 10 9

V_CC 4Q $\overline{4Q}$ 4D 3D 3Q $\overline{3Q}$ CP

74LS175

R 1Q $\overline{1Q}$ 1D 2D $\overline{2Q}$ 2Q GND

1 2 3 4 5 6 7 8

74LS175 四 D 触发器

16 15 14 13 12 11 10 9

V_CC D_0 CR $\overline{RC}$ $\overline{LD}$ D_2 D_3

CO/BO

74LS190

D_1 Q_1 Q_0 $\overline{CT}$ $\overline{U}$/D Q_2 Q_3 GND

1 2 3 4 5 6 7 8

74LS190 同步可逆十进制计数器

16 15 14 13 12 11 10 9

V_CC D_0 CR BO CO $\overline{LD}$ D_2 D_3

74LS192/193

D_1 Q_1 Q_0 CP_D CP_U Q_2 Q_3 GND

1 2 3 4 5 6 7 8

74LS192/193 同步可逆十进制 / 十六进制计数器

16 15 14 13 12 11 10 9

V_CC Q_0 Q_1 Q_2 Q_3 CP M_1 M_0

74LS194

$\overline{CR}$ D_SR D_0 D_1 D_2 D_3 D_SL GND

1 2 3 4 5 6 7 8

74LS194 4 位双向移位寄存器

16 15 14 13 12 11 10 9

V_CC B_2 A_2 S_2 A_3 B_3 S_3 C_3

74LS283

S_1 B_1 A_1 S_0 A_0 B_0 C_1 GND

1 2 3 4 5 6 7 8

74LS283 先行进位加法器

14 13 12 11 10 9 8

V_CC R_0A R_0B CP_1 CP_0 Q_0 Q_3

74LS290

S_9A NC S_9B Q_2 Q_1 NC GND

1 2 3 4 5 6 7

74LS290 异步二-五-十进制计数器

20 19 18 17 16 15 14 13 12 11

V_CC 8Q 8D 7D 7Q 6Q 6D 5D 5Q C

74LS373

$\overline{OC}$ 1Q 1D 2D 2Q 3Q 3D 4D 4Q GND

1 2 3 4 5 6 7 8 9 10

74LS373 八 D 锁存器 (三态输出)

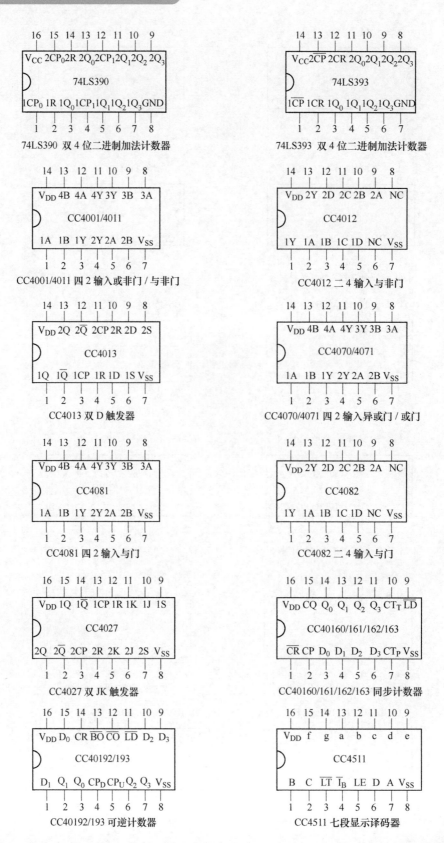

74LS390 双 4 位二进制加法计数器

74LS393 双 4 位二进制加法计数器

CC4001/4011 四 2 输入或非门 / 与非门

CC4012 二 4 输入与非门

CC4013 双 D 触发器

CC4070/4071 四 2 输入异或门 / 或门

CC4081 四 2 输入与门

CC4082 二 4 输入与门

CC4027 双 JK 触发器

CC40160/161/162/163 同步计数器

CC40192/193 可逆计数器

CC4511 七段显示译码器

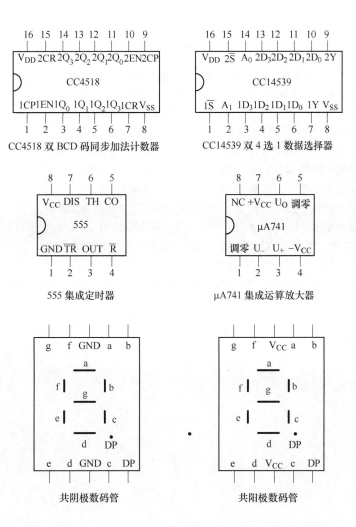

CC4518 双 BCD 码同步加法计数器

CC14539 双 4 选 1 数据选择器

555 集成定时器

μA741 集成运算放大器

共阴极数码管

共阳极数码管

参 考 文 献

[1] 沈任元.数字电子技术基础[M].3 版.北京:机械工业出版社,2020.

[2] 赵利,郑英兰.数字电子技术[M].北京:冶金工业出版社,2009.

[3] 康光华.电子技术基础(数字部分)[M].北京:高等教育出版社,2000.

[4] 朱祥贤.数字电子技术项目教程[M].北京:机械工业出版社,2010.

[5] 卢庆林.电子产品工艺实训[M].西安:西安电子科技大学出版社,2006.

[6] 张惠敏.数字电子技术[M].2 版.北京:化学工业出版社,2009.

[7] 陈梓城.电子技术实训[M].2 版.北京:机械工业出版社,2020.

[8] 刘宁.创意电子设计与制作[M].北京:北京航空航天大学出版社,2010.

[9] 汤山俊夫.数字电路设计[M].关静,译.北京:科学出版社,2006.

[10] 朱凤芝,裴咏枝.数字电子技术[M].北京:北京师范大学出版社,2005.

[11] 王平.数字电子技术[M].北京:化学工业出版社,2007.

[12] 黄培根.Multisim 10 虚拟仿真和业余制版实用技术[M].北京:电子工业出版社,2008.